KB016400

슈퍼파워
미국의 핵전력

'핵무기 있는 세상'의 실체에 접근하는
취재 기록

와타나베 다카시 지음 | 김남은 옮김

AK

일러두기

1. 이 책에 나오는 외국 지명과 외국인 인명은 국립국어원 외래어 표기법에 따랐다.

2. 본문의 각주는 모두 옮긴이가 추가한 것으로 독자의 이해를 돕기 위해 비교적 상세히 달았다.

3. 서적 제목은 겹낫표(『 』)로 표기하였으며, 그 외 인용, 강조, 생각 등은 작은따옴표를 사용하였다.

들어가며

1945년 8월에 미군이 히로시마와 나가사키에 원폭을 투하한 이후, 미국과 소련의 핵군비 경쟁이 시작되어 세계 핵탄두 수는 1986년 약 7만 발로 정점을 찍었다. 냉전이 종식되고 미국과 러시아 간 전략무기감축협정이 발효되어 군축이 진행되면서 그 수는 약 13,000발까지 줄었다. 그러나 이후 핵탄두 수 감축은 지지부진하다.

핵강국 미국과 러시아의 대립, 그리고 미국과 급속한 군비증강을 추진하는 중국의 대립은 '신냉전'이라고 불릴 정도로 심화되고 있다. 지금 각국은 '핵무기 현대화'를 추진하며 핵무기의 보유수가 아닌, 핵무기 한 발 한 발의 '질'을 놓고 경쟁하고 있다. 핵보유국들이 냉전 이후 감축해 온 핵무기의 역할이 다시 재검토되면서 '핵경쟁의 부활'이라고도 불리는 시대가 도래하고 있다.

'핵억지력'은 한 국가가 핵무기를 사용하면 상대국도 핵무기로 보복공격하여 양쪽 모두 치명적인 피해를 입는다는 사고에 입각하여, 핵 선제공격을 단념하도록 만드는 것으로 균형을 유지해 온 시스템이다. 그러나 억지력을 유지하기 위해서는 핵무기의 수와 질이 상대보다 저하되지 않도록 개발과 적절한 관리, 개량을 지속해야 한다. 이것이 바로 '핵무기 현대화'라고 불리는 것이다.

세계 제일의 군사대국 미국에서는 '핵무기 없는 세상'을 표방한 오바마 행정부가 30년간 1조 달러(2022년 11월 현재)를 투입하는 핵무기 현대화 계획을 시작했다. '힘의 평화'를 내세운 트럼프 행정부는 이를 증액하고 '사용가능한 핵'으로 저위력 핵무기 개발에 착수하는 등 핵군비 확장을 강화했다. 오바마 행정부의 이념을 계승한 바이든 행정부는 핵무기에 대한 '과도한 지출'을 줄일 방침인 것으로 알려졌지만 무엇을 얼마나 재검토할지는 미지수다. 이것이 일본을 포함한 세계 안보에 미치는 영향도 클 것이다.

2022년 2월 24일 우크라이나를 침공한 러시아 푸틴 대통령은 "러시아는 세계 최강의 핵보유국 중 하나이며, 우리 나라에 대한 공격이 침략자에게 비참한 결과를 초래할 것이라는 데 의심의 여지가 없다"고 발언하여 핵무기 사용을 시사했다. 3일 뒤에는 핵전력을 포함한 군의 억지력을 '특별태세'로 전환하라고 명령했다.

이는 북대서양조약기구(NATO)의 군사적 개입을 견제하기 위한 '핵협박'으로 보였지만 세계 전문가들은 실제 핵무기 사용가능성을 부정할 수 없다고 경고했다. 1962년 쿠바위기 이후 최대 핵전쟁의 위협이 고조되고 있다. 히로시마, 나가사키에 이은 '제3의 피폭지'가 나올 수 있다는 우려가 현실화되고 있는 것이다.

스웨덴 스톡홀름국제평화연구소(SIPRI)는 2022년 6월 "핵무기 사용 리스크는 냉전 전성기 이후 어느 때보다 높아졌다"고 지적했다. 연례보고서 발표에서는 "향후 10년간 핵무기는 증가할 것으로 예상된다"고 언급했으며, 러시아의 우크라이나 침공이 계속되는 가운데 냉전 이후 핵군축 추세가 끝날 조짐이 보인다고 우려했다.

푸틴 대통령은 2022년 9월 우크라이나 동부 및 남부 4개 주에 대한 합병을 선언했다. 러시아의 전황이 열세인 것으로 알려지면서 핵무기 사용에 대한 우려가 급속히 커졌다.

동아시아에서도 핵무기를 둘러싼 위기가 고조되고 있다. 중국은 미국과 러시아의 핵군축에 참여하지 않고 오히려 핵전력을 증강하고 있으며, 이에 대해 미국과 일본 등은 '불투명한 핵군비 확장'이라고 비판하고 있다. 미국방부는 중국의 핵탄두 수가 2020년 단계 200발에서 2030년 1,000발로 5배 증가할 것으로 예상하고 있다. 중국은 내륙에 대륙간탄도미사일(ICBM) 지하 사일로(발사대)를 새롭게 건설하고 있는 것으로 보인다. 북한도 핵탄두를 탑재할 수 있는 탄도미사일을 잇달아 발사하고 있다.

핵확산금지조약(NPT)은 미국, 러시아, 영국, 프랑스, 중국 등 5개국을 핵보유국으로 규정하고 핵군축협상의 의무를 부과하는 한편, 그 외의 국가로 핵무기가 넘어가는 것을 금지하고 있다. 그러나 조약의 틀 밖에서 인도, 파키스탄, 이스라엘은 핵무장을 진행했고, 북한은 조약탈퇴를 선언했다. 또한 이란의 핵개발 등으로 인한 추가적인 핵확산도 우려되고 있다.

우크라이나사태를 계기로 세계에 핵억지력을 중시하는 경향이 강해지면서 핵군축 및 폐기 기류가 위축되고 있다. 바이든 행정부는 취임 전 '핵무기 없는 세상'을 목표로 내걸었으나, 현재 핵무기 공격을 받지 않는 한 핵무기를 사용하지 않는다는 핵 '선제불사용' 선언을 유보하면서 기존 핵정책을 대폭 수정할 가능성 역시 낮아졌다.

군사적으로 중립적인 태도를 보였던 러시아의 이웃 국가인 핀란드와 스웨덴이 나토 가입을 신청했다. 일본과 한국 등 미국의 '핵우산' 아래 있는 비핵보유국들 사이에서도 핵공유와 핵무장 논의가 나오고 있다. 반세기 이상 핵군축의 초석이 되어 온 NPT재검토회의는 2022년 8월 러시아가 최종합의문에 반대하면서, 2015년에 이어 두 번 연속 결렬되었다.

냉전 이후 30년이 지난 지금까지도 핵보유국들이 인류를 위험에 빠뜨리는 핵무기 '억지'에 집착하는 이유는 무엇일까. 핵전력은 실제로 어떻게 운용되고 어떠한 과제를 안고 있을까. 핵무기를 보유하는 것 자체에 위험은 없는 것일까. 핵무기 관리와 제조의 실태는 어떠할까.

이 책은 핵무기 현대화를 추진하는 핵강국 미국의 수도 워싱턴에 주재한 신문기자가 핵전력의 최전선을 방문하여 현지 부대를 직접 취재한 르포르타주다. 핵무기 제조의 거점이었던 곳을 찾아다니며 미국의 피폭자들과 마주했다. 또한 오바마, 트럼프, 바이든 행정부에서 핵정책을 담당했던 정부 및 군 고위관리 등 50여 명 이상을 취재했다.

'핵무기 없는 세상'이라는 이념을 부정하는 나라와 사람은 많지 않을 것이다. 문제는 그것을 어떻게 실현할 것인가이다. 이 책은 '핵무기 있는 세상'의 실상을 취재하여 그 실체에 접근하고 논의의 근거를 제공할 수 있기를 위한 바람으로 쓰인 것이다.

나는 워싱턴 주재를 마치고 히로시마로 발령받았다. 히로시마에서 느낀 점은 핵보유국이 중시하는 핵억지의 논리와 그 대척점에 있는 피폭지 일본의 핵폐기 염원과의 간극이 너무 크다는 것이다.

핵무기금지조약은 '핵보유국이 핵군축이라는 NPT의 의무를 이행하지 않고 있다'는 비핵보유국들의 불만이 높아지면서 발효로 이어졌다. 그러나 미일 양국 내 핵무기에 대한 시민사회의 인식은 전혀 다르다. 핵무기금지조약의 발효는 피폭지는 물론 일본에서는 역사적인 사건으로 큰 뉴스가 되었지만, 핵강국인 미국에서는 거의 보도되지 않았고 시민 사이에서도 잘 알려져 있지 않다.

2022년 6월 오스트리아 빈에서 열린 핵무기금지조약의 첫 번째 당사국 회의에 대해서도 히로시마, 나가사키를 비롯해 일본 언론인 수십 명이 취재에 나서 세계 언론 중 가장 많았으나, 미국에서는 거의 주목받지 못했다. 핵무기에 대해 핵무기로 대응하려는 핵보유국과 핵폐기를 요구하는 비핵보유국과의 간극이 점점 더 커지고 있다.

유엔 사무총장 안토니우 구테흐스는 2022년 8월 6일 히로시마에서 열린 평화기념식에 유엔 사무총장으로서는 12년 만에 참석하여 다음과 같이 말했다.

"새로운 군비경쟁이 가속화되고 있다. 세계 지도자들은 수천억 달러의 돈을 쏟아 부으며 군비를 강화하고 있다. 핵보유국이 핵전쟁의 가능성을 열어두는 것은 절대 용납할 수 없다. 히로시마의 공포를 항상 염두에 두어야 하며, 핵위협에 대한 유일한 해결책은 핵무기를 전혀 갖지 않는 것임을 인식해야 한다. 노모어(no more) 히로시마, 노모어 나가사키."

핵무기는 인간이 다루는 것이기 때문에 인간의 실수를 배제할 수 없다. 적국이 핵탄두를 발사했다는 '오경보'로 인해 보복공격을 감행하여 대참사 직전까지 간 적이 있다. 현대에는 사이버공격으로 인해 오경보와 오발사의 리스크가 더욱 커지고 있다. 핵무기를 둘러싼 사고도 무수히 많다. 전후 2,000번 이상의 핵실험이 진행되어 세계 곳곳에서 피폭자가 발생했고 건강피해와 환경오염을 초래했다.

무엇보다 핵억지력은 '핵단추'를 쥐고 있는 정치지도자

가 이성적이고 합리적인 판단을 한다는 전제하에 성립되는 것인데, 러시아의 우크라이나 침공은 그 위험성을 부각시켰다. 핵무기 위협이 높아지고 있는 지금, 핵무기에 의존하고 있는 미국의 현황과 과제를 알리고 억지력의 실체를 짚어보려고 한다.

· 이 책에 등장하는 사람들의 나이, 직위 등은 취재 당시를 기준으로 함.
· 사진 중 필자와 우에다 준이 촬영한 사진은 아사히신문사에서 제공함.
· 8페이지 상단, 12페이지, 36페이지, 38페이지, 127페이지는 미군에서 제공함.

목차

약어 일람

- ALCM(Air-Launched Cruise Missile) 공중발사 순항미사일
- A2/AD(Anti-Access/Area Denial) 반접근/지역거부
- CBO(Congressional Budget Office) 미국 의회예산국
- CORE(Consequences of Radiation Exposure) NGO 코어(방사선 피폭이 초래하는 결과)
- CSIS(Center for Strategic and International Studies) 전략국제문제연구소
- CTBT(Comprehensive Nuclear-Test-Ban Treaty) 포괄적 핵실험금지조약
- EDD(Extended Deterrence Dialogue) 미일 확장억지협의
- FBI(Federal Bureau of Investigation) 미국 연방수사국
- GAO(Government Accountability Office) 미국 회계감사원
- GBSD(Ground Based Strategic Deterrent) 지상배치전략억지
- GHQ(General Headquarters) 연합군최고사령부
- ICAN(International Campaign to Abolish Nuclear Weapons) 핵무기폐기국제운동
- ICBM(Intercontinental Ballistic Missile) 대륙간탄도미사일
- INF(Intermediate-Range Nuclear Forces) 중거리핵전력조약
- LOW(Launch on Warning) 경보 즉시 발사
- LRSO(Long-Range Stand Off) 장거리 순항미사일
- MD(Missile Defense) 미사일 방어
- MIRV(Multiple Independently Targetable Reentry Vehicle) 다중 개별표적 타격 재진입체
- NATO(North Atlantic Treaty Organization) 북대서양조약기구
- NPR(Nuclear Posture Review) 핵태세 검토보고서
- NPT(Treaty on the Non-Proliferation of Nuclear Weapons) 핵확산금지조약
- SIPRI(Stockholm International Peace Research Institute) 스톡홀름 국제평화연구소

- SLBM(Submarine Launched Ballistic Missile) 잠수함발사 탄도미사일
- SLCM(Sea-Launched Cruise Missile) 잠수함발사 순항미사일
- START2(Strategic Arms Reduction Treaty II) 제2차 전략무기감축협정
- START(New Strategic Arms Reduction Treaty) 신전략무기감축협정
- STRATCOM(Strategic Command) 미국 전략사령부
- TLAM-N(Tomahawk Land Attack Missile-Nuclear) 핵탄두 탑재형 토마호크 순항미사일

미국 핵전력 '3대축' 거점 및 관련 시설

(2021년 5월 24일자 아사히신문 디지털을 바탕으로 작성)

제1장

그날을 기다리는 ICBM :
핵전력의 3대축, 1편

미국 서부 몬태나주 그레이트폴스 인근의 대륙간탄도미사일 (ICBM) 발사시설. 간선도로에서 불과 100미터 정도 떨어져 있다 (2021년 2월 16일, 미 공군 헬기에서 필자 촬영).

2022년 2월 중순, 온통 눈으로 뒤덮인 한겨울의 대평원을 야생 사슴이 달리고 멀리 눈 덮인 산들이 보인다. 미주리강은 꽁꽁 얼어붙었다. 미국 서부 몬태나주에 있는 말름스트롬 공군기지에서 군용 헬리콥터를 타고 20분 정도 날아갔다. 눈밭에 철조망 펜스로 둘러싸인 한 구역이 보였다. 공군 병사가 기내 무전기로 "저것이 대륙간탄도미사일(ICBM) 발사시설이다"라고 말하는 소리가 들렸다.

미국 핵전력의 3대축은 ICBM, 전략폭격기, 잠수함발사탄도미사일(SLBM)이다. 이들은 사정거리가 길어 적의 본토를 공격하여 적이 전쟁을 할 수 없도록 만드는 '전략핵'으로 자리 잡았다. 사정거리와 위력이 한정적이고 전장에서의 사용을 상정하고 있는 것은 '전술핵'이다.

나는 이것들이 배치되어 있는 현장 취재를 허가받기 위해 2020년 후반부터 미군과의 협상을 진행했다. 수도 워싱턴에서 핵정책을 취재하면서 비밀의 베일에 싸인 미국 핵전력 3대축의 현장을 직접 눈으로 확인하고 싶었다.

협상은 다소 시간이 걸릴 것으로 보였으나, 예상외로 연초에 미군으로부터 이메일을 통해 답변을 받았다. '취재를 허가한다'는 내용이었다. 군과 세부사항을 조율하여

몬태나주 그레이트폴스 말름스트롬 공군기지 사령부(2021년 2월 16일, 미 공군 헬기에서 필자 촬영)

마침내 기밀시설에 들어갈 수 있는 특별 허가를 받았다.

당시 미국 내에서는 신종 코로나 바이러스가 맹위를 떨치고 있었으며, 사망자 수는 세계 최악이었다. 나는 국방부를 함께 담당했던 아사히신문 미국총국 직원 피터 로이와 마스크를 두 겹으로 겹쳐 쓰고 비행기에 올라 몬태나주로 향했다.

말름스트롬 공군기지에 도착하자 즉시 군으로부터 PCR 검사를 받고 3일 정도 기지 내 숙소에 머물렀다. 바깥 기온은 영하 20℃에서 영하 30℃로 경험해보지 못한 추위였다. 털모자를 쓰고 두툼한 방한복을 입어도 얼굴

이 바깥 공기에 닿아 아플 정도였다. 우리는 군내 슈퍼와 패스트푸드점에서 식사를 하고, ICBM부대 역사를 소개하는 박물관을 견학한 것 외에는 숙소 내에서 시간을 보냈다.

PCR 검사결과 '음성' 판정을 받았다. 드디어 ICBM 발사시설을 견학하기 위해 말름스트롬 공군기지 활주로에서 군용 헬기를 타고 이동했다.

농촌지대 지하에 60년간 숨죽이고 있는 핵미사일

이날은 맑은 날씨였지만 기온은 영하 10℃ 정도였다. 기지를 출발한 지 20분 만에 ICBM 발사시설이 눈에 들어왔다. 발사시설은 가로 50m, 세로 70m, 높이 2.5m 정도의 울타리로 둘러싸인 구획에 있었다. 소를 키우는 농가가 드문드문 있는 한적한 농촌지대 지하에 히로시마에 투하된 원폭의 약 20배에 달하는 위력을 가진 핵무기가 숨죽이고 있었다. 1962년 쿠바사태 때부터 이 일대에 계속 배치되어 있다.

발사시설의 위치는 너무도 부적합한 것 같았다. 적의

표적이 될 수 있는 시설인데도 간선도로에서 불과 100m 정도 떨어져 있을 뿐더러 민가도 가까웠다. 위치 자체는 군사적 비밀도 아니었고 일반인들도 모두 알고 있는 곳이었다.

그 이유는 크게 두 가지다. 첫째, 국가가 매입한 땅뿐만 아니라 임차한 땅도 있어 숨길 수가 없기 때문이다. 미국 시민들에게 그 위치는 이미 알려져 있다.

둘째, 미국과 러시아 간 신전략무기감축협정(신START)에 따른 사찰이 1년에 몇 번씩 이루어지고 있기 때문이다. 러시아 사찰관에게 발사시설 목록과 지도를 건네면 사찰관이 방문할 시설을 결정한다고 한다.

이는 미국과 러시아가 추진해 온 핵전력 투명성 확보를 위한 신뢰구축 조치의 일환이다. 미 공군 ICBM부대 간부는 사찰에 대해 "미군의 사용 절차와 임무 내용을 이해시킴으로써 비극적인 결과를 초래할 수 있는 오해와 불신을 방지하고자 한다"고 설명했다.

또 다른 미군 관계자는 발사시설의 '약점'을 직접적으로 이렇게 말했다. "발사시설의 위치는 구글로도 검색할 수 있다. 냉전 시기부터 소련은 여러 차례 조사를 실시하여 왔다. 미국이 소련에 했던 것처럼 말이다. 러시아가 우리 시설을 노리고 있는 것은 틀림없다."

우리가 방문한 날 발사시설 입구에는 자동소총을 든 경비병이 있었다. 나는 사전에 방문허가를 받긴 했지만 엄격한 신분 확인이 이루어졌고, 휴대폰이나 카메라 등의 전자기기 반입은 엄격하게 금지되었다. 군용 카메라를 이용한 촬영만 허용되었다.

'허가 없이는 출입금지. (출입하면) 살상력이 있는 총기 사용이 허용된다', '드론 비행금지'라는 경고문구가 펜스에 붙어 있었다.

발사시설 지하에는 세계를 초토화시킬 수 있는 핵무기가 배치되어 있는데도 불구하고, 놀랍게도 이곳은 평상시 유지보수 등을 제외하고는 기본적으로 무인으로 운영된다고 한다. 시설에는 센서가 설치되어 있어 야생동물이나 폭설, 폭풍 등의 영향으로 경보가 울리면 수 킬로미터 떨어진, 미사일 발사를 원격으로 통제하는 '미사일발사관리센터'에 상주하는 경비병이 출동한다.

30분 정도 소요된 신분 확인이 끝난 뒤, 우리는 발사시설 입구에서 군으로부터 주의사항에 대해 설명을 들었다. "위험을 감지하면 즉시 보고하라. 비상시에는 시설에서 바람이 불어오는 쪽으로 750m 떨어져라"는 지시를

왼쪽: 지하 사일로 내부. 금속 원통(가운데) 안에 핵탄두를 장착한 미사일을 격납한다(2021년 2월 16일, 필자 촬영).
오른쪽: 그레이트폴스 인근 ICBM 발사시설의 지하 사일로 입구 (2021년 2월 16일, 필자 촬영).

받았다.

시설 내 거대한 콘크리트 바닥에는 맨홀과 같은 지름 1.5m 정도의 원형 구멍이 있었다. 약 27m 깊이의 지하 사일로(발사대) 입구였다. 그곳에서 철제 사다리를 타고 지하로 내려갔다. 밖은 눈을 뜨고 있는 것만으로도 아플 정도로 추웠지만, 사일로 안의 공기는 섬뜩할 정도로 따뜻했다. 고체연료를 사용하는 미사일을 보관하기에 적합한 온도인 15~27℃로 유지되고 있기 때문이다.

사다리는 지하 사일로 중간쯤에 있는 원형 공간으로 이어져 있었다. 벽에 '단독행동 금지, 2인 규칙 준수'라고 적힌 표지판이 보였고, 중앙에 직경 약 3.6m의 견고한 금속 원통이 있었다. 그 안에 높이 약 18m, 지름 약 1.7m, 무게 약 36t의 ICBM '미니트맨3' 한 기가 조용히 '그날'을 대비하고 있었다.

이날은 미사일 정비 중에 있었다. 그래서 다음 날 차를 이용하여 말름스트롬 기지 안쪽 깊숙한 곳에 있는 지상 정비시설에 다가가 실물을 가까이에서 볼 수 있었다.

정비시설은 조립식 오두막집 같은 외관을 한 채 기지 내 설원 속에 조용히 자리 잡고 있었다. 깊이 약 50m, 너비 약 15m, 천장 높이 약 8m 정도의 넓이였다.

'U.S. AIR FORCE'(미 공군)라고 적힌 거대한 흰색 트레일러 짐칸 위에 겉면이 짙은 녹색의 원통형 물건이 눈에 들어왔다. 바로 ICBM이었다. 랜디 버티스 상사(38세)는 "미사일을 절대 건드려서는 안 된다. 비상상황이 발생하면 즉시 이 자리를 떠나라. 바람이 불어오는 쪽으로 1,200m 이상이다"라고 말했다.

버티스 상사 등 정비 담당자의 설명에 따르면, 대부분의 미사일은 1970년대에 생산된 것이다. 미사일마다 일

위 : 말름스트롬 공군기지 내 정비시설에서 거대한 트레일러에 실려 있는 녹색 ICBM(2021년 2월 17일, 미 공군 엘라이자 반잔트 촬영)
아래 : 말름스트롬 공군기지 내 정비시설에서 ICBM을 싣고 있는 미 공군 소속의 대형 트레일러(2021년 2월 17일, 필자 촬영)

런번호가 붙어 있는데, 내가 본 미사일에는 1972년에 제조했음을 나타내는 '1972'라는 숫자가 있었다.

정비시설 내부도 고체연료를 사용하는 미사일을 보관하기에 적합한 온도로 유지되고 있었다. "기온이 적절하게 유지되지 않으면 고체연료에 악영향을 끼칠 수 있다. 24시 태세로 감시하고 있다"고 다른 담당자가 말했다.

미사일을 실은 트레일러 옆에는 비슷한 모양의 또 다른 트레일러가 있었다. 하나는 전체 길이 16m, 다른 하나는 21m이다. 미사일 정비가 끝나면 다른 트레일러로 옮겨 발사시설까지 운반한 후 다시 지하에 격납한다.

공군 관계자에 따르면, 핵탄두는 미사일에서 분리하여 각각 따로 운반 및 정비하고 있다고 한다. 말름스트롬 기지를 포함한 ICBM기지는 모두 폭설이 잦은 지역에 위치해 있어 수송이 쉽지 않다. 따라서 기상조건을 24시간 체크하며 타이밍을 계산하고 있다고 한다. 정비는 전기 계통부터 안전장치까지 다양하며, 정비 주기에 대해서는 "정기적으로 실시하고 있다"고 답했다.

미사일의 무게는 30t이 넘으며, 미사일을 실은 트레일러의 무게는 전체적으로 70t이 넘는다고 한다. 더스틴 프레모 하사(25세)는 "운반할 때는 미사일의 무게에 몸이 혼

들리는 것 같다"고 말했다. 수송에는 민간인 위험물 취급 자격이 필요하다고 했다.

내가 본 녹색 미사일에는 핵탄두가 탑재되어 있지 않았는데도 불구하고 실물을 보니 온몸에 강한 긴장감이 느껴졌다. 만약 이 미사일 한 발이 대도시를 향해 발사된다면 수십만 명의 목숨을 앗아갈 것이다.

히로시마, 나가사키에 원폭이 투하되어 인류가 핵무기 시대에 접어든 지 77년이 지났다. 그러나 지금도 핵보유국들은 핵무기를 포기하지 않고 한층 신형 무기로 개량하며 억지력 경쟁을 벌이고 있는 현실을 피부로 체감했다.

핵미사일의 발사 절차

미 핵전력의 한 축인 ICBM은 내가 방문한 몬태나주 말름스트롬 공군기지를 포함해 인근 3개 주에 있는 기지를 거점으로 총 450곳의 발사시설을 갖추고 있다. 이 중 400곳의 발사시설에 ICBM이 보관되어 있으며, ICBM 한 기당 한 발씩 핵탄두가 탑재되어 있다. 주변 10기의 미사일 발사를 최종 통제하는 것은 미국 전역 45곳에 있는

그레이트폴스 인근의 ICBM발사관리센터. ICBM 발사시설에서 수km 떨어진 곳에 있다(2021년 2월 16일, 미 공군 헬기에서 필자 촬영).

'미사일발사관리센터'이다.

나는 ICBM 발사시설에서 수km 떨어진 발사관리센터를 저공비행하는 군용 헬기 안에서 육안으로 확인했다. 상공을 선회하는 동안 발사시설과 비슷한 수십㎡ 넓이의 부지 내에 철탑과 외관이 크림색인 간소한 단층 건물이 보였다.

발사관리센터의 핵심은 시설 엘리베이터를 타고 지하 18m까지 내려간 곳에 있다. 캡슐형 밀실로 핵폭발에도 견딜 수 있는 견고한 구조로 되어 있다. 공군 병사는 "생화학무기 공격을 받아도 자신을 보호할 수 있도록 외부와 완전히 차단된 환경"이라고 설명했다. 이곳에서 '미사일러'라고 불리는 병사들이 2인 1조, 24시간 교대로 '전쟁

말름스트롬 공군기지 내 미사일발사관리센터를 모방한 훈련시설에서 발사 절차를 확인하고 있는 '미사일러' 병사들. 학교를 갓 졸업한 젊은이들이 2인 1조로 임무를 수행한다(2021년 2월 16일, 엘라이자 반잔트 촬영).

에 대비하여 만반의 태세'를 갖추고 있다. 폭발이 일어나도 살아남을 수 있도록 발사시설 간 거리는 5km 이상 떨어져 있다.

이날 발사관리센터 내부 방문은 허용되지 않았지만, 센터를 그대로 재현한 말름스트롬 기지 사령부 내 훈련시설에 들어가 미사일 발사 절차를 참관했다.

발사관리센터의 두터운 문은 전용카드를 대고 비밀번호를 입력해야만 열리고 전자기기 반입은 금지되어 있었다. 폭 3m, 깊이 10m 정도의 캡슐과 같은 좁은 실내에 아날로그 모니터 화면이 줄지어 있었다. 하나는 발사 지시 등의 메시지를 수신하고, 다른 하나는 미사일의 상태를 표시하고 있었다. 모니터에 표시되는 미사일은 관할 주변 10기를 포함해 총 50기였다. "한 곳의 발사관리센터가 제대로 작동하지 않는 경우에도 다른 센터에서 미사일 발사시설을 감시하고 있다. 항상 예비태세를 갖추고 있다"고 공군 병사가 말했다.

왼쪽 지휘관석과 오른쪽 부사령관석에 24세 남녀 중위 두 명이 나란히 앉아 있었다. "지금 보여주는 훈련은 우리 임무에 반드시 필요한 훈련이다"라고 병사가 말했다.

미국 대통령이 핵무기 사용을 명령하면, 미군 핵전력을 총괄하는 전략사령부(STRAT COM, 네브래스카주)가 발사를 지시한다. "전략사령부에서 미사일발사관리센터로 직접 지시가 내려온다. 중간에 있는 ICBM부대 상급자는 의사결정에 참여하지 않는다"고 부대 지휘관이 설명했다. 미국 대통령은 언제든 핵무기 발사를 명령할 수 있으며, 일단 결정이 내려지면 이 젊은이들은 즉시 명령에 따라 발사해야 한다.

미사일 발사용 열쇠 2개와 발사 지시가 사실인지를 판단하는 비밀번호가 들어 있는 회색 상자가 미사일러 자리 근처에 있었다. 사실 여부가 확인되지 않으면 미사일을 발사할 수 없다. 다른 발사관리센터가 의심을 품으면 발사를 중단할 수도 있다고 한다.

미사일러는 이 열쇠를 '발사 스위치'라고 적힌 2곳의 열쇠 구멍에 꽂았다. '3, 2, 1' 카운트다운 후 동시에 오른쪽으로 90도 돌리자 '발사 진행'이라고 표시되면서 실내에 있던 다른 병사들로부터 박수가 터져나왔다.

키보드에는 'WAR PLAN'(전쟁계획)이라는 버튼이 있었다. "이게 뭐냐"고 묻자 병사는 "그냥 거기 있는 거다. 평소에는 사용하지 않는다"라고 답했다. 대답을 회피하는 것으로 생각했는데, 사실 냉전 시기부터 지금까지 계속 있는 버튼의 의미를 젊은 미사일러는 잘 모를 수도 있다.

냉전 시기 구소련과 대치하며 '핵 선제공격'에 대비한 지하 사일로와 관리센터는 그때나 지금이나 거의 변함이 없다. 놀랍게도 플로피디스크가 아직도 사용되고 있었다. 공군 병사는 "클라우드에 정보를 넣는 것보다 (플로피디스크가) 적의 해킹에 더 강하다. 우리는 테크놀로지의 암흑기에 살고 있으나 오래된 기술에도 장점이 있다"는 견해를 보였다. 정말 그럴까 하는 생각에 나는 반신반의했다.

미사일러의 본 모습

훈련을 참관한 미사일러 중 한 명인 사라 맥기니스 채프먼 대위(27세)는 어머니가 오키나와 출신인 일본계이며, 미군인 아버지의 직장 때문에 가데나 기지에 살았던 적이 있다고 자신을 소개했다. 인접한 노스다코타주 마이노트 공군기지에서 지금의 말름스트롬 공군기지로 옮겨 왔으며, 미사일러 경력은 총 6년이라고 했다.

대위는 "공군에 들어왔을 때 핵 미사일러는 1지망이 아니었다. '일급비밀' 업무라서 무엇을 하는지도 몰랐기 때문이다. 이 일은 공군 내에서도 미스터리로 여긴다"고 말했다.

미사일러의 업무는 어떤 것일까. 지하 미사일발사관리센터가 있는 시설에 한 번 들어가면 일주일 동안 그곳에 머물러야 한다. 캡슐형 밀실에 2인 1조, 24시간 교대로 '전쟁에 대비하여 만반의 태세'를 갖추는 것은 앞서 말한 대로다. 기밀 그 자체라고 할 수 있는 센터 내에서는 실제 임무 중 휴대전화 사용이 금지되어 있다. 당연히 와이파이도 없다.

미사일발사관리센터 시설에는 책임자인 관리자 아래에 관할 미사일 발사시설을 지키는 경비병 6명 이상과

말름스트롬 공군기지에서 기자의 질문에 답하고 있는 27세의 ICBM 미사일러 사라 맥기니스 채프먼 대위. "미사일러 임무는 공군 내에서도 미스터리로 여긴다. 가족과 떨어져 한동안 태양을 볼 수도 없다. 정신적 부담이 크다"고 말했다. 어머니가 오키나와 출신의 일본계라고 한다. 어깨띠에 'ICBM'이라고 적혀 있다(2021년 2월 16일, 필자 촬영).

요리사 1명, 그리고 미사일러 몇 명이 배치되어 있다. 지하 발사관리센터에는 화장실과 세면장, 전자레인지, 커피포트가 있었다. 그러나 창문이 없는 밀실이었고 샤워실도 없었다. 간이침대가 있어 두 사람 중 한 명은 쪽잠을 잘 수 있지만 필요하면 깨워야 한다.

대위는 "가족과 한동안 떨어져 있어야 하고 태양을 볼 수도 없다. 정신적 부담이 크다. 밀실에서 24시간 동안 성별, 인종, 민족적 배경이 다른 사람, 그중에는 견디기 어려운 성격을 가진 사람이나 정치적 성향이 다른 사람과도 한 조가 되어야 한다. 고독한 환경에서 인간관계가 응축된 조직이기 때문에 서로 좋아하지는 않아도 되지만 존중하고 이해해야 한다"고 특수한 업무의 고충을 솔직하게 털어놓았다.

일주일 당직을 마치면 2주간 비번이 있고 그 순환을 반복한다. 가족에게도 업무 내용을 말할 수 없으며 스노우보드 등으로 휴식을 취한다고 한다. 핵무기를 다루는 미사일러는 학교를 졸업한 지 얼마 되지 않은 젊은이들도 많았다. 그들은 '스트레스'라는 단어를 연신 입에 달고 살았다.

발사관리센터는 유사 사태에 즉각 대응할 수 있도록 24시간 태세로 관할 주변 10기의 ICBM 유지 및 관리에 힘써야 한다. 미사일 발사시설 센서에 반응이 없는지 항상 주시해야 하고, 조금이라도 이상 징후가 보이면 정비 전문부대와 협력하여 즉시 문제를 찾아내 해결해야 한다.

심신에 이상이 있는 대원이 핵무기를 다루게 되는 일은 없을까. 6개월간의 훈련을 거쳐 말름스트롬 공군기지에 배치된 지 1년 반이 된 마이클 코빈 중위(24세)는 "발사과정은 간단하지 않다. 핵무기를 다루는 대원들의 정신과 신체상태가 정상적인지를 체크하는 프로그램이 있다"고 말했다.

'Personnel Reliability Program'(핵무기 관련 요원 신뢰성

유지 프로그램)은 냉전 시기인 1960년대 국방부에 도입되었다. 미국 정부기관을 감시하는 회계감사원(GAO)에 따르면, 핵무기 관련 요원은 ①개인의 적격성 조사, 신체적·의학적·정신적 자세를 평가하는 스크리닝을 실시하고, 필요에 따라 ②면접을 거쳐 ③공식적인 인증프로세스에 들어간다. '신뢰성이 결여된 인물이 핵무기를 취급하는 것을 막기 위해' 지속적으로 요원의 적격성 검사를 실시한다. 그럼에도 불구하고 GAO의 보고서에서는 대원들이 임무 중 자살하는 등의 문제 사례가 언급되고 있어 철저한 조사 등 프로그램 개선이 요구되고 있다.

일본계인 맥기니스 채프먼 대위를 취재할 때, 문득 그녀가 복잡한 심경에 있는 것은 아닐까 하는 의문이 들었다. "히로시마, 나가사키 원폭 투하의 역사도 있는데 핵무기를 다루는 것에 대해 어떻게 생각하느냐"고 물었다. 그러나 대위의 대답은 미국 군인의 모범답안과 같았다. "핵무기를 둘러싸고 여러 가지 논쟁이 있는 것은 알고 있지만, 미국과 동맹국의 안전을 위해 필요한 무기다. 영향력이 얼마나 큰지 이해하고 항상 진지하게 임무에 임하고 있다."

대륙간탄도미사일(ICBM)부대 지휘관에게 묻는 '억지력'

말름스트롬 기지 사령부 시설에서 ICBM부대를 총괄하는 제341미사일항공단 사령관 휴게이트 오퍼먼 대령과 대면했다. 오퍼먼 대령은 "미국 핵전력의 3대축 중 ICBM이 정말 필요할까. 냉전적 사고에서 비롯된 낡은 무기가 아닐까. 그러한 논의를 들어본 적이 있을 것이다"라고 나에게 반문했다. 그리고 'Deterrence with ICBMs'(ICBM의 억지력)이라는 제목이 붙은 미국 지도를 보여주었다.

그 지도에는 ICBM의 거점인 말름스트롬(몬태나주), 워렌(와이오밍주) 공군기지를 비롯해 ICBM과 전략폭격기 부대가 모두 배치된 마이노트 공군기지(노스다코타주), 전략폭격기의 박스데일(루이지애나주), 화이트맨(미주리주) 각 공군기지, 전략핵잠수함의 킷샙(워싱턴주), 킹스베이(조지아주) 각 해군기지 그리고 태평양과 대서양을 항해 중인 전략핵잠수함의 그림이 그려져 있었다.

오퍼먼 대령은 "적이 핵무기로 선제공격을 하려면 미국의 전략핵 약 500곳을 표적으로 공격해야 한다. 그렇지 않으면 반격을 당할 것이다. 적에게 선제공격은 고비용 저수익이다"라고 말했다. ICBM은 배치장소가 분산되어 있어 적의 공격을 어렵게 만든다는 의미였다.

이어 대령은 'Deterrence without ICBMs'(ICBM 없는 억지력)이라는 제목의 또 다른 미국 지도를 보여주며 이렇게 말했다. "ICBM 발사시설이 450곳이나 되기 때문에 ICBM이 없으면 적의 공격이 훨씬 쉬워진다. 이때 적에게 선제공격은 저위험 고수익이 될 것이다"라고 강조했다.

ICBM과 같은 전략핵미사일은 적의 핵미사일 발사를 감지하면, 착탄하기 전에 보복공격으로서 발사된다. 이를 '경보 즉시 발사'(LOW) 태세라고 한다. 오퍼먼 대령은 "ICBM은 필요하다면 (적의 핵공격으로 피해를 입기 전에) 미국에게 선제공격의 선택지가 되는 것이다. 미국은 항상 보복할 수 있는 태세를 갖추고 있으며, 미국이나 동맹국의 약점을 노릴 타이밍이 없다는 것을 적에게 깨닫게 한다. ICBM은 일본과 같은 태평양 동맹국, 북대서양조약기구(NATO) 동맹국을 보호하기 위해 필요하다. 핵전력의 3대 축이 한 축, 두 축이 되어버리면 숫자뿐만 아니라 다른 약점을 서로 보완하는 이점을 잃게 된다"고 강조했다(단, LOW에 대해서는 오경보의 위험성 등도 지적되고 있는데, 후술할 6장에서 소개할 것이다).

노후화된 ICBM

한편 오퍼먼 대령이 몇 차례나 언급한 것은 "핵미사일도 발사와 관련된 시설도 노후화되어 있다"는 현실이었다. 대령은 "미사일이 언제든 적절하게 발사될 수 있다는 확증을 계속 가지고 있어야 한다. 이를 위해서는 평소 정비부대의 역할이 중요하다. 탄두나 미사일, 부품에 문제나 결함이 있으면 즉시 교체하거나 수리한다. 그리고 주기적으로 미사일을 무작위로 선정하여 반덴버그 공군기지(캘리포니아주)로 운반해 모의 탄두를 장착하고 태평양 마셜제도를 향해 발사실험을 한다"고 설명했다(반덴버그 기지에서의 발사실험에 대해서는 5장에서 자세히 소개할 것이다).

말름스트롬 공군기지의 인원은 병사 약 3,300명, 군무원 약 650명 등 총 4,000여 명이다. 이 중 300여 명으로 구성된 ICBM부대 제341미사일항공단 사령관 오퍼먼 대령에 따르면, 경비 관련 인원이 약 1,400명으로 가장 큰 규모다. "경비요원 대부분은 미사일발사관리센터에 배치되어 있어 관할 미사일 발사시설에서 경보가 울리거나 문제가 발생하면, 즉시 현장에 출동하여 문제를 해결하고 정비 지원도 담당한다"고 설명했다. 2001년 9월 11일 미국에 가해진 동시다발 테러 이후 핵 테러위협이 높아

"핵무기를 사용하면 매우 끔찍한 상황을 맞이하게 될 것이다"라고 강조하며, 노후화된 ICBM의 정비와 발사실험으로 "안전과 억지력을 계속 유지해야 한다"고 말하는 제341 미사일항공단 사령관 휴게이트 오퍼먼 대령(2021년 2월 16일, 필자 촬영)

진 만큼, 핵무기 안전관리에 신경을 곤두세우고 있음을 알 수 있다.

1995년부터 미사일러 임무를 수행해 왔다고 밝힌 오퍼먼 대령에게 "미사일러로서 핵무기를 다루는 것에 대해 어떻게 생각하느냐"고 물었다.

오퍼먼 대령은 "핵무기를 사용하면 매우 끔찍한 상황을 맞이하게 될 것이다. 일선 병사들은 주로 20대가 주축이고 처음 부대에 배치된 사람들도 많다. 그러나 이것은 비디오 게임이 아닌 엄청난 책임이 따르는 현실이라는 것을 모두가 인식하고 있다"고 대답했다. 그리고 다음과 같이 말을 이어나갔다. "우리의 ICBM은 노후화되어 정기적인 유지보수와 발사실험이 필수적이다. 핵무기 현대화 계획으로 향후 개량될 것이라고 생각하지만, 적들은 그때까지 기다리지 않을 것이다. 우리는 안전과 억지력을 계속 유지할 책임이 있다."

인접한 와이오밍주 워렌 공군기지에서 제20공군 사령관을 맡고 있는 마이클 라코튼 소장도 취재에서 "ICBM은 반세기 동안 개량되지 않았기 때문에 부품 교체조차도 어려워지고 있다. 앞으로 5년, 10년 후에는 더 어려워질 것이다"라고 밝혔다. 또한 "러시아, 중국, 북한은 핵무기 능력을 크게 향상시키고 있다. 미국에게도 동맹국에게도 불확실한 시기이며, 문제를 해결하기 위해서는 현대화가 필수적이다"라고 강조했다.

무기 개량의 특수, 현지의 기대

ICBM을 운용하는 말름스트롬 공군기지가 있는 몬태나주 그레이트폴스시에서는 핵무기 현대화 계획에 따른 특수를 기대하는 목소리가 높아지고 있었다.

그레이트폴스시를 차를 타고 달리다 보면 거대한 기지가 있는 것을 제외하고는, 간선도로를 따라 체인 레스토랑과 대형 상점 등이 즐비한 전형적인 지방도시로 보였다. 중심부에는 소총이나 권총이 진열된 총기 전문점도 있었다.

시내에는 이렇다 할 기간산업이 없어 지역경제의 3분의 1을 군 관련 발주와 군인들의 소비 등에 의존하고 있었다. 인구 6만여 명 중 기지 직원이 4,000여 명에 육박하며, 국방부의 막대한 보조금이 도시 발전에 큰 도움이 되고 있었다.

그레이트폴스시에 따르면, 신형 ICBM을 수주한 방위산업체 노스롭그루먼의 담당자가 여러 차례 이 도시를 방문하여 경제효과를 설명했다고 한다.

캐시 워든 노스롭그루먼 최고경영자(CEO)는 2022년 2월 미국 싱크탱크 '전략국제문제연구소'(CSIS)가 주최한 온라인회의에서, "ICBM은 지난 50년 동안 배치되어 왔지만, 현대화는 향후 50년 동안 필요한 능력을 제공할 것이다. 현재 이미 여러 나라가 보유하고 있는 핵무기를 미국이 없애는 것은 단기적인 목표에 부합하지 않는다"고 열심히 선전했다.

그레이트폴스시의 밥 켈리 시장의 이야기를 듣기 위해 면담약속을 잡고 지역상공회의소 회의실을 방문했다. 상공인 관계자와 군 지원단체 간부들이 함께 자리했다.

밥 켈리 몬태나주 그레이트폴스 시장 "ICBM기지는 언제나 이 도시에서 환영받아 왔다"고 말한다 (2021년 2월 17일, 필자 촬영).

켈리 시장은 "ICBM기지는 언제나 이 도시에서 환영받아 왔다. 경제적으로 큰 존재감을 가지고 있으며, 지역이 기지를 원하지 않는다는 목소리를 낸 적도 없다. 국방부의 지원으로 수영장과 스포츠 시설도 지을 수 있다. 핵미사일은 억지를 위해 존재하는 것이다. 미사일러들은 잘 훈련되고 있다"고 말했다. 상공인 관계자도 "미사일 발사시설 주변도로는 안전대책을 위해 잘 정비되어 있다. 지역주민들은 혜택을 받고 있다"고 강조했다.

이러한 기지 마을에 핵무기 현대화 계획은 어떤 의미일까. 켈리 시장은 "핵무기 현대화에 따라 다양한 시설들이 건설되어 지역에 큰 이익이 될 것이다. 이 경제적 효과를 최대한 확대시키고 싶다"고 밝히며 기대감을 감추지 않았다. 상공인들도 "역사적인 기회가 될 것이다"라고 입을 모았다.

예외적으로 ICBM에 반대하는 주민들

현지에는 핵을 반대하는 시민들도 있다. 루크레샤 험프리 씨(72세)의 집을 방문했을 때, 그녀는 무수히 많은 미사일 발사시설이 표시된 지역지도를 보여주며 "미국도 세계도 언제까지 핵무기에 의존해야 하느냐"고 분노했다.

험프리 씨는 1990년경부터 2000년대 초까지 10년 정도 히로시마에 원폭이 투하된 8월 6일 기지 앞에서 동료 10여 명과 함께 핵무기 폐기를 촉구하는 시위를 계속했다. 험프리 씨는 "내가 시위를 한 것은 파괴적인 위력을 가진 무기와 함께 살고 있는 사람이 해야 할 일이라고 생각했기 때문이다. 이 지역의 경제는 무시무시한 무기에 의존하고 있는데, 1년에 한 번쯤은 그 문제에 대해 생각해볼 수 있지 않을까 하고. 그러나 우리에게 공감하는 사람은 극히 드물었다. 이 지역은 항상 기지가 폐쇄될지도 모른다는 두려움에 떨고 있다"고 한탄했다.

남편 제임스 씨는 "냉전 종식 후 1990년대 연방정부위원회가 폐쇄 대상 미사일기지를 결정하려고 했을 때, 마을은 두려워하며 폐쇄를 막기 위해 로비스트까지 고용했다. 그 결과 (인접한) 노스다코타주의 기지가 폐쇄되었다"

ICBM이 배치된 몬태나주 지하 사일로 지도가 그려진 셔츠 등을 들고 있는 그레이트폴스 지역 반핵 시민운동가 루크레샤 험프리(좌)와 남편 제임스(우). "미국도 세계도 언제까지 핵무기에 의존해야 하느냐"고 분노했다(2021년 2월 18일, 필자 촬영).

고 회고했다.

재스민 크로토코프 전 몬태나주 하원의원(민주당)도 ICBM을 포함한 핵무기의 위험성에 대해 문제를 제기했다. 크로토코프 씨는 그레이트폴스 도심에서 차로 1시간 정도 떨어진 교외에 살고 있다. 집에서 15km 정도 떨어진 곳에 ICBM 발사시설이 있다.

"러시아든 북한이든 미국이 핵미사일을 발사했다는 오경보가 나오면 즉시 대응해야 한다. 그때 미국의 ICBM이 타깃이 될 것이다. 모든 발사시설은 간선도로 근처에 있고, 그 시설에 무슨 일이 생기면 우리는 다른 세계와 단절되고 고립될 우려가 있다. 그런데도……." 크로토코프 씨는 큰 한숨을 내쉬며 이렇게 말했다.

"미사일 발사시설 바로 옆에 집을 지은 전직 군인도 있는데, 그는 안전을 믿어 의심치 않는다. 테러나 지진 등 비상사태가 발생하면 우리는 무엇을 해야 하는지, 어떤 위험이 있는지 정치인이나 시민 모두 이해하지 못하고 있다. 많은 미국인들은 핵전쟁을 큰 위협으로 여기지 않으며, 핵무기는 이전보다 통제할 수 있는 것으로 생각하지만 나는 다르다. 매우 심각하게 생각하고 있다"고 토로했다.

크로토코프 씨는 "많은 사람들이 ICBM과 기타 핵전력이 다른 나라의 침략을 막는 억지력으로 이어진다고 생각하지만, 나는 그것이 옳지 않다고 생각한다. 다른 나라와의 외교나 협상이 훨씬 더 효과적이라고 생각한다. 미국은 핵무기에 더 투자하여 낭비하는 것보다 외교 등에 예산을 투입해야 한다"고 주장했다. 그리고 "이 지역의 경제도 미사일기지에 의존하는 것보다 다양한 분야에 투자하는 것이 중장기적으로 더 안전하다"고 말했다. 그러나 험프리 부부와 크로토코프 씨와 같은 ICBM 반대론자들은 이 지역에서 아주 예외적인 존재다.

ICBM 미사일 발사시설 옆에서 목장을 운영하는 지니 한센 씨는 "시아버지로부터 1961년 미사일 발사시설 건설을 위해 560㎡의 사유지를 이용할 수 있는 권리를 190

달러에 (정부에) 팔았다고 들었다. 이 지역 농가에서 시설에 대해 걱정하는 목소리를 들어본 적은 없다"고 말했다. "그러고 보니 간선도로에 수십 대의 차량이 줄지어 저속으로 달리고, 상공에 헬기가 날아다니는 것을 가끔 본다. 지금 생각해보면 미사일을 실어나르는 것 같지만 실물을 본 적은 없어 잘 모르겠다"고 고개를 저었다.

핵군축을 제안하는 미국 NGO '우려하는 과학자동맹' 보고서에 따르면, ICBM 거점 기지인 말름스트롬 공군기지에는 군인과 군무원 4,000여 명이 배치되어 있다. ICBM과 전략폭격기가 모두 배치된 마이노트 공군기지(노스다코타주)의 군인과 군무원은 6,100명 이상으로 지역 노동인구의 10% 이상을 차지한다. 워렌 공군기지(와이오밍주)는 3,700명 이상의 군인과 군무원이 소속되어 있으며, 현재 주 최대의 고용처다. "3곳의 ICBM기지가 폐쇄되거나 축소되면 주와 지역경제에 큰 영향을 미칠 것이다"라고 분석하고 있다.

이 때문에 ICBM이 배치된 지역의 미 초당파 의원들은 'ICBM연합'을 결성하여 ICBM을 한 발도 줄이지 않고 현대화를 추진하도록 압력을 가하고 있다. 그중 한 명인 몬태나주 출신의 존 테스터 상원의원(민주당)은 2012년 '상원의원의 요청으로 말름스트롬 기지의 ICBM부대 예산 전액과 고용 유지'라는 부제가 붙은 보도자료를 발표하고, "말름스트롬 기지 ICBM은 우리의 안보를 비용 대비 효과적인 방법으로 높일 것이다. 기지는 그레이트폴스 경제에 사활적으로 중요하며, 나는 이를 위해 싸우는 것을 자랑스럽게 생각한다"라고 밝혔다.[1]

'우려하는 과학자동맹' 보고서에 따르면, ICBM연합의 상원의원 8명은 2007~2018년 방위산업체로부터 총 130만 달러가 넘는 기부금을 받았다. 이 중 ICBM을 수주하는 보잉이 16만 달러 이상, 노스롭그루먼이 14만 달러 이상에 달한다. 8명 중에서는 테스터 상원의원이 약 29만 달러로 가장 많았다.[2] 핵폭격기나 핵탑재 잠수함이 있는 주 의원들도 비슷한 이해관계를 가지고 있어 압력을 가하고 있는 것으로 알려졌다.

핵강국 미국의 억지력은 안보적 관점에서 회자되는 경우가 많지만, 군산복합체와 현지 유력 정치인에 힘입어 서로에게 이익을 가져다주는 측면이 있다는 점을 강조하고 싶다.

제2장

전 세계가 주목하는
전략폭격기 :
핵전력의 3대축, 2편

미국 남부 루이지애나주 박스데일 공군기지에 주둔하고 있는 주력 폭격기 B52(2021년 3월 4일, 필자 촬영)

2021년 3월 초순, 미국 남부 루이지애나주 박스데일 공군기지에서 거대한 회색 군용기들이 "키잉—" 하는 날카로운 소리를 내며 이착륙을 반복하고 있었다. 10여 대가 활주로 옆에서 휴식을 취하고 있는 모습도 보였다. 미군 공중 핵전력의 핵심을 담당하는 전략폭격기 B52다. 날개폭 약 56m, 길이 약 48m, 높이 약 12m로 8기의 엔진을 탑재하고 있어 'BUFF'(Big Ugly Fat Fellow, 크고 못생긴 뚱보)라는 애칭으로 불린다.

B52의 중량은 80t이 넘으며, 연료 등을 실은 최대 이륙 중량은 약 220t에 달한다. 나는 군용 차량을 타고 기지 내부를 돌며 거대한 B52를 둘러보았다. 활주로 근처에 다다르자 루카스 그램 상사(24세)는 "이 기지의 활주로는 길이 3,000m가 넘고 폭이 거의 100m에 달하는데, 이는 B52의 날개폭과 이착륙에 필요한 조건을 충족시키기 위해서다. 착륙할 때 그 무게를 견딜 수 있는지를 전문부대가 계속해서 점검하고 있다"고 말했다.

박스데일 공군기지에 주둔하고 있는 B52는 날개폭이 약 56m에 달하는 거대한 회색 군용기로 공중 핵전력의 핵심을 담당한다 (2021년 3월 4일, 필자 촬영).

이례적인 장수 기종 B52

B52는 냉전 시기 구소련에 대한 핵공격을 위해 개발되었다. 1975년 도입 이후 700여 대 이상 제작되었다. 현재도 사용되고 있는 B52H는 공중발사순항미사일(ALCM)을 최대 20기까지 탑재할 수 있다. 무게로 따지면 31t이 넘는 폭탄과 미사일을 실을 수 있다.

B52는 1991년 걸프전 '사막의 폭풍작전'과 2003년 이라크전쟁에 참여했다. 1996년 박스데일 공군기지에서 출격한 B52 두 대가 이라크 수도 바그다드의 발전소와 통신시설을 순항미사일로 공격했다. 34시간 동안 25,000km 이상을 비행하며 '최장거리 전투임무'를 수행

했다. '사막의 폭풍작전'에서 다국적군이 투하한 폭탄의 40%를 B52가 운반했다. [3]

B52는 적의 레이더에 잡히지 않는 스텔스 기능은 없지만, 적의 방공망을 뚫을 수 있는 장거리 ALCM을 장착하고 핵탄두도 탑재할 수 있다. 21세기에 들어서도 여전히 주력 폭격기로서의 위상을 보유하고 있는 이례적인 장수 기종이다. 공군은 2050년까지 계속 운용할 계획이다. [4]

미 공군이 보유한 76대의 B52 중 약 50대가 박스데일 공군기지를 거점으로 삼고 있다. 나머지 B52는 북부 노스다코타주 마이노트 공군기지에 배치되어 있다. 전체 76대 중 46대가 핵탄두를 탑재할 수 있는 것으로 알려져 있다. [5]

활주로 옆에 선 부대 지휘관 매튜 맥다니엘 대령(45세)은 "우리는 아시아든 중동이든 어디든 갈 수 있다. 내일 있을지도 모르는 전쟁을 위해 오늘도 훈련하고 있다. 평일에는 매일, 주말에도 필요하면 훈련을 빠뜨리지 않는다. (도입 이후) 100년 동안 계속 개량하여 비행하려고 한다. 항공사에 길이 남을 위업이다"라고 자랑스럽게 말했다. 그도 20년간 B52를 타고 이라크와 아프가니스탄전쟁에 참전했다고 밝혔다. 대령은 "공중급유로 장시간 비행이 가능해졌다. 나도 방금 38시간의 비행임무를 마치고 돌아왔다. 기체는 거대하나 승조원의 공간은 한정되어 있어 약간의 인내심이 필요하다"고 덧붙였다.

B52는 5인승으로 최대 항속거리는 14,000km가 넘는다. 공중급유를 받아 전 세계로 비행할 수 있다. 맥다니엘 대령은 "적의 요격미사일 사정권 밖에서 발사할 수 있는 스탠드 오프 미사일을 탑재하면서 B52의 역동성이 바뀌고 억지력이 높아졌다. B52는 '칼과 방패' 역할 모두 수행할 수 있게 되었고, 적에게 '오늘은 포기하라'는 메시지를 보내고 있다"고 강조했다.

내가 기지를 방문하기 직전인 2021년 1월~2월, 미 공군 B52는 괌 앤더슨 공군기지 등에서 일본 항공자위대 등과 '코프노스24'라는 합동훈련을 실시했다.

B52는 2년 반 전인 2018년 9월에도 동중국해에서 동해에 이르는 공역에서 일본 항공자위대 전투기와 합동훈련을 실시했다. 당시 중국은 "미군기의 도발행위에 단호히 반대한다"고 반발했다.[6]

맥다니엘 대령은 "B52부대와 항공자위대의 협력은 훌륭하다. 이 지역에 미일 '하늘의 힘'을 보여주고 있다"고 말했다.

"현재 B52에 핵탄두를 탑재하는 훈련을 얼마나 실시하고 있느냐"고 묻자 대령은 "우리는 핵탄두를 싣고 비행하지 않지만 훈련은 하고 있다. (핵무기 사용은) 정치지도자의 명령에 따라야 한다. 전쟁에 항상 대비하기 위해 훈련은 의무적인 것이다. 우리는 핵무기가 미국과 동맹국을 지키기 위한 최후의 수단이라는 것을 숙지하고 있다. 만약 사용한다면 세계는 최악의 날을 맞이할 것이기 때문이다"라고 대답했다. 몬태나주 기지에서 대륙간탄도미사일(ICBM)부대 사령관이 "핵무기를 사용하면 아주 끔찍한 날을 맞이할 것"이라고 말한 것과 같은 문구를 맥다니엘 대령이 사용한 것이 인상적이었다.

박스데일 공군기지는 인구 약 6만 명의 보저시티라는 도시의 간선도로 근처에 위치해 있으며, 도심에서도 멀지 않다. 나는 박스데일 공군기지 활주로 주변의 주기장과 창고 등을 둘러보며 "B52에 탑재되는 핵탄두는 기지 내 어디에 있느냐"고 물었다. 맥다니엘 대령은 "있다고도 말할 수 없고 없다고도 말할 수 없다. 그것은 비밀이다"라고 말을 아꼈다.

이어 "적의 공격위험에 어떻게 대비하고 있느냐"고 묻자 맥다니엘 대령은 "우리의 강점은 (적국으로부터) 멀리 떨어져 있다는 것이다. 적은 항상 새로운 타격능력을 개발하고 있다. 우리는 우리 자신을 보호하고 B52를 이동시키는 데 필요한 인텔리전스(기밀정보 수집 등)에 최선을 다하고 있다. 여기에 더해 우리는 B52를 보다 세계적으로 투입하기 위해 새로운 운용을 시작했다"고 대답했다.

2020년 미군은 괌 등의 전방 거점에 전략폭격기를 상주하는 대신, 미국 본토 기지를 거점으로 중국, 북한, 이란 등을 견제하는 기동적 운용으로 전환했다. 이는 '동적 전력 운용'이라는 미 국방전략의 일환으로 간주된다. 미군 부대 배치를 보다 기동적으로 운용함으로써 적의 예측을 어렵게 하는 것이다.

중국과 북한의 탄도미사일 기술 발전이 두드러져 중국은 2018년 4월 중거리탄도미사일 'DF26'을 실전배치했다. DF26의 사거리는 3~5,000km로 괌까지 공격할 수 있어 '괌 킬러'라고도 불린다. 미국 전문가들은 전략폭격기를 본토 등에 분산 배치하면 적이 공격목표를 좁히기 어려워지는 데다, 전략폭격기도 각지에서 비행할 수 있어 적이 예측하기 어렵다는 전략상 이점을 지적하고 있다.[7]

미 공군 장성은 "동적 전력 운용에 더해 일본 항공자위대, 인도, 호주 등 동맹국 및 우방국의 공군과도 협력하

어 즉각적인 대응력을 높여 적대국에 대응할 것이다"라
는 목표를 밝혔다.

B52 기내에 들어가다

박스데일 공군기지 활주로 근처에는 천장까지의 높이
약 20m, 넓이 100m에 달하는 거대한 창고와 같은 건물
이 있었다. 입구에는 '무기 탑재 훈련시설'이라는 표지판
이 붙어 있었다. 이 시설 내에서는 군 카메라맨 이외의
촬영이 일체 금지되어 있다고 했다.

시설 안으로 들어서자 벽에 걸린 커다란 깃발이 눈에
들어왔다. 'Weapons providing our enemies a chance
to die for their country'(적에게 나라를 위해 죽을 수 있는 기회
를 제공하는 무기)라고 적혀 있었다.

시설 내 한가운데 거대한 B52 기체가 있었다. 공군 병
사 7명이 리프트를 이용하여 폭탄과 미사일 모의탄을 들
어 올려 이동하고 있었다. 그리고 2m가 넘는 빨간색 사
다리를 이용하여 B52의 긴 날개 아래까지 적재했다. "더
오른쪽이야. 빨리 해." 병사들은 서로에게 소리쳤고, 검

박스데일 공군기지 내 시설에서 병사들이 B52에 폭탄과 미사일을 탑재하는 훈련을 하고 있다(2021년 3월 4일, 미 공군 제이콥 라이츠만 촬영).

열관은 스톱위치로 소요시간을 측정했다.

훈련 담당 폴라드 하사는 "저건 공중발사순항미사일(모의탄)이다"라고 말했다. "병사들은 매일 이곳에서 안전하고 신속하고 정확하게 무기를 탑재할 수 있도록 훈련을 반복하고 있다. 그리고 매달 필요한 임무를 이해하고 기술을 습득하고 있는지 테스트를 받고 있다. 얼마나 빨리 무기를 탑재해야 하는지 등은 정확히 밝힐 수 없다"고 말했다.

훈련에는 재래식 탄두뿐만 아니라 핵탄두 모의탄도 사용한다. 폴라드 하사는 "전략폭격기는 미 핵전력의 3대 축 중 가장 유연성이 뛰어나다. B52는 장거리 비행이 가능하고 세계 곳곳에 배치해 필요한 태세를 갖출 수 있다. B52가 24시간 상시 임무를 수행할 수 있도록 준비하고 최상의 상태로 유지하는 것이 중요하다"고 강조했다.

나는 B52 바로 옆에 섰다. 조종석 창문 바로 아래에는 미국 국기와 선글라스를 끼고 파이프를 문 더글러스 맥아더 원수의 일러스트에 'Old Soldier II'라는 문구가 곁들여져 있었다. 맥아더는 1945년 8월 30일 연합군최고사령관으로 파이프 담배를 입에 물고 일본 도쿄 인근의 아쓰기 해군 비행장에 상륙했고, 해임 후 미국으로 돌아가 의회에서 "노병은 죽지 않는다, 다만 사라질 뿐이다"라고 연설한 것으로 유명하다.

꼬리 날개에는 'LA'(루이지애나주)와 '박스데일'이라는 기지명, 그리고 실제 임무를 수행하는 폭격기라는 것을 나타내는 번호가 적혀 있었다.

B52 조종사 줄리안 글락 대위(30세)는 "B52는 8기나 되는 엔진을 장착한 세계에서도 보기 드문 항공기다. 많은 양의 연료를 싣고 다니기 때문에 날개가 가라앉을 정도다"라고 말했다.

거대한 날개 아래에 서니 주변이 어두워졌다. 글락 대위가 말을 건넸다. "B52의 내부는 아래쪽에 공격을 위한 공간이, 위쪽에 파일럿의 조종석이 있다. 그럼 안으로 들어가 보자." 나는 사다리를 타고 기체 앞부분 아래쪽으로 올라가 기내로 들어갔다

B52의 내부는 어둡고 장비는 즐비하며 공간은 매우 비좁았다. 글락 대위는 "사용의 편의성과 효율성에 중점을 두고 있으며 편안함은 부차적인 문제다. 여기가 오펜스 스테이션(공격실)이다"라고 말했다.

기내에 들어서자 눈앞에 창문이 없는 캄캄한 공간에 붉은색으로 빛나는 스크린과 좌석 2개가 보였다. 그곳이 '공격실'이었다. 왼쪽에는 레이더 요원, 오른쪽에는 항공사의 자리가 있었다.

공격실 발사장치 앞에서 글락 대위는 "버튼만 누르면 선택한 무기를 이용하여 목표물을 공격할 수 있다"고 설명했다. 나는 "재래식 무기뿐만 아니라 유사시 핵무기도

사용하느냐"고 물었다. 대위는 "최종적으로 둘 다 같은 버튼으로 발사할 수 있다"고 답했다.

다만 핵무기를 사용하려면 ICBM 배치 기지에서 들은 것처럼 엄격한 절차가 필요하다고 했다. 글락 대위는 "특별한 외부 코드와 정보 등을 입력하여 제한을 해제해야만 발사할 수 있다. 설령 레이더 요원이 발사하려고 해도 실수 등을 막기 위해 쉽게 발사할 수 없도록 되어 있다. 안전조치가 많다"고 강조했다.

공격실에서 사다리를 타고 한 계단 더 올라가 조종석에 발을 들여놓았다. 천장까지의 높이가 1m 정도밖에 되지 않아 머리가 천장에 닿을 것 같았다. 양손으로 잡은 조종간으로 날개를, 양발 페달로 바퀴를 움직인다. 아날로그 계기판이 창문 아래부터 천장까지 100개가 넘게 늘어서 있었다. 8기의 엔진과 12개의 연료탱크 상태를 한눈에 알 수 있게 되어 있었고, 고도나 속도와 같은 비행 정보가 시계처럼 눈금으로 표시되어 있었다.

조종석 패널에는 항공기 무게와 연료량 등의 표시도 있었다. 글락 대위는 "연료에는 항상 주의를 기울여야 한다. 연료가 무겁기 때문에 비행 중에는 기내의 무게균형을 잘 살피고 연료 위치를 옮기는 등의 조정이 중요하다.

B52 조종석에는 아날로그 계기판이 즐비하게 늘어서 있다(2021년 3월 4일, 미 공군 제이콥 라이츠만 촬영).

연료나 전력은 충분히 여유가 있기 때문에, 어떤 이유로 한쪽을 상실해도 기능 장애가 일어나지 않는다. 비상시에는 승조원이 낙하산 등으로 탈출할 수 있다"고 말했다.

20~30대가 대부분인 젊은 조종사들은 "B52는 할아버지 세대의 폭격기이지만 60년 이상 개량을 거듭하며 완벽한 상태를 유지해 왔다. 각종 계기들은 오히려 보기 쉽고 신뢰할 수 있다. 따라서 B52는 21세기에 들어서도 여전히 전투용 주력기로 남아 있다"고 입을 모아 말했다.

글락 대위는 B52 조종사가 된 지 7년이 되었다고 한다. 할아버지와 아버지가 모두 공군 조종사로 군인집안 출신이다. 비행시간은 약 1,300시간, 이라크와 시리아에서 극단주의 조직 '이슬람국가'(IS)와의 전투에 참여했다. 괌에서는 일본 항공자위대, 호주 공군과의 합동훈련 '코프 노스'에 참가했다. 글락 대위는 "동맹국과 한 팀으로 우호적인 관계를 쌓을수록 작전도 더 효과적이다"라고 말했다.

미국 대통령의 명령이 있으면 B52는 핵무기를 탑재하고 출격한다. 나는 "핵무기를 다루는 것에 대해 어떻게 생각하느냐"고 솔직하게 물었다. 글락 대위는 잠시 생각에 잠기더니, "핵전력을 운용하는 부대 일원에게는 큰 책임이 따른다. 그러나 나는 미 핵전력 3대축에 큰 자신감을 가지고 있다. 전략폭격기도 ICBM도 전략핵잠수함도 빼놓을 수 없다. 미국은 수십 년 동안 동맹국들에게 '핵우산'을 제공하고, 핵억지력을 통해 세계의 안전에 기여해 왔다"라는 미 공군의 모범답안과 같은 대답을 내놓았다.

'테러와의 전쟁'에서 핵'강대국 간 경쟁'으로

다음 날, 전략폭격기를 운용하는 박스데일 공군기지에서 공군 분석관이 '인텔리전스 브리프'라는 제목으로 세계정세 인식에 대해 이야기했다. 그 내용은 다음과 같다.

"미국은 '테러와의 전쟁'에서 러시아, 중국과의 '강대국 간 경쟁'(Great Power Competition)으로 전환하고 있다. 소련 붕괴 이후 핵경쟁은 과거의 유물이라는 오해가 있었지만, 전략적 경쟁자를 마주하고 있는 지금은 결코 그렇지 않다. 러시아뿐만 아니라 중국도 핵과 재래식 무기 역량을 강화하고 있어 미군이 가지고 있던 우월성과 능력 차가 사라지고 있다. 게다가 북한도 급속히 핵개발을 추진하면서 미국과 더불어 동맹국에도 위협과 지역의 불안정 요인이 되고 있다. 미국이 핵탄두 수 감축을 추진하고 핵군축을 우선 과제로 삼은 반면, 러시아와 중국, 북한은 전략환경을 거꾸로 만들려고 한다."

이 분석관이 가장 먼저 구체적으로 지적한 것은 중국의 급속한 미사일 개발이었다. "중국의 탄도순항미사일 개발은 세계에서 가장 활발하고 다양하다. 중국은 '다중 개별표적 타격 재진입체'(MIRV)와 극초음속(하이퍼소닉) 무기 개발을 진행하고 있다. 그것은 지상발사형부터 해상, 항공전력까지 중국 핵의 3대축에 이른다. 미사일 사거리도 단거리에서 중거리, 대륙간장거리까지 모두 포함된다."

러시아에 대해서는 "소련의 붕괴로 상당한 영토를 잃었고, 서부 및 남부 국경 부근에서 안전확보 능력을 상실했다. 북대서양조약기구(NATO)가 동쪽으로 확대되어 영향력을 높이고 있다고 판단하기 때문에 탄도·순항미사일 개발을 매우 광범위하게 진행하고 있다"고 평가했다. 그 예로 2019년에 배치된 극초음속미사일 '아방가르드'와 2022년 말까지 배치 예정인 신형 ICBM '사르마트'을 꼽았다.

분석관은 "과거 미국과 전략적 경쟁자 사이에는 군사력 차이가 있었지만, 경쟁자들이 핵과 재래식 무기를 개발하고 현대화하면서 그 차이가 계속 줄어들어 위협이 점점 커지고 있다"고 분석했다.

이와 같은 분석은 군과 전략분석가들의 대표적인 시각이며, '핵무기 현대화 계획'을 추진하는 논거가 되기도 한다.

'브로큰 애로우': 핵무기 중대 사고의 역사

전략폭격기는 ICBM, 잠수함발사탄도미사일(SLBM)과 함께 미 핵전력의 3대축 중 가장 오래된 역사를 가지고 있다. 히로시마, 나가사키에 원폭을 투하한 것은 초기 전략폭격기 B29였다. 소련도 원폭과 이를 운반하는 폭격기를 획득하여 개발 경쟁을 벌였다. 미 공군은 B36, B47에 이어 8기의 제트엔진을 장착한 B52를 개발하여 증산 체제에 돌입했다. 또한 미국은 1950년대 수소폭탄 핵실험에 성공하면서 소형화, 경량화된 수소폭탄을 B52에 탑재하기 시작했다.[8]

그러나 1957년 소련이 인류 최초의 인공위성 스푸트니크 발사에 성공하자 ICBM으로 이어지는 기술에서 앞서 있던 미국은 큰 충격을 받았다. 이른바 '스푸트니크 쇼크'다. 미국과 소련이 ICBM 개발 경쟁을 벌이는 가운데 전략폭격기는 B52만 남게 되었다.

전략폭격기는 일단 출격했다가도 적의 공격이 오보로 판명되면 다시 돌아올 수 있는 '유연성'이 ICBM과는 다른 장점으로 꼽힌다. 냉전 시기 미 공군은 핵무기를 탑재한 B52와 공중급유기를 24시간 경계 대기시켰다. 미국 본토를 왕복하는 과정에서 추락과 수소폭탄 낙하 등의 사고도 발생했다.

미 국방부는 1950~1980년 사이에 발생한 중대한 핵무기 사고 32건을 1980년 무렵에 발표했다.[9]

이에 따르면, 내가 방문한 박스데일 공군기지에서도

1959년 7월 C124수송기 이륙 시 화재가 발생하여 크게 부서지는 사고가 있었다. 핵탄두나 폭발력이 높은 폭발물의 기폭은 없었다. 구조나 소화작업에 영향을 미치지 않는 "매우 제한된 구역에 제한적인 오염이 있었다"고 한다.

1961년 1월에는 미국 동부 해안 노스캐롤라이나주 상공에서 B52가 공중분해되어 탑재하고 있던 수소폭탄 2발이 낙하했다. 한 발은 낙하산으로 떨어졌지만, 다른 한 발은 그대로 지상에 충돌하여 그 충격으로 부서졌다. 폭발은 일어나지 않았지만 우라늄이 포함된 폭탄이 지하 깊숙이 묻혀 15m까지 굴착해도 회수되지 않았다. 방사능 오염은 확인되지 않았다고 한다. 8명의 탑승원 중 5명은 탈출에 성공했지만 3명은 사망했다.

1965년 12월에는 가고시마현 아마미오시마 앞바다에서 미 해군 항공모함에서 수소폭탄을 탑재한 항공기가 해저로 추락했다. 수소폭탄은 승조원 한 명과 함께 해저에 가라앉았다. 미국 정부는 핵무기 배치나 탑재에 대해 모호한 정책을 취하고 있으며, 아마미 앞바다 사고에 대해서도 당시 "국가안보상의 이익에 악영향을 미친다"는 이유로 일본 측의 문의에 응하지 않은 것으로 알려져 있

다.[10]

이듬해인 1966년 1월에는 B52가 스페인 남부 팔로마레스 상공에서 공중급유기와 충돌해 추락했다. 탑재하고 있던 수소폭탄 4발 중 해상으로 떨어진 1발을 제외한 3발이 지상으로 떨어졌다. 핵폭발은 없었지만 2개는 내부의 일반 화약 폭발로 인해 플루토늄과 우라늄이 유출되었다. 미 국방부 등에 따르면, 병력을 대거 투입하여 주변의 흙과 식물 약 1,400t을 제거했고 사고 발생 약 80일 후 해저에 남아 있던 1발을 회수했다.[11] 스페인 정부가 2006년부터 토양 조사를 시작한 결과, 5만㎡의 토양이 오염된 것으로 밝혀져 오염지역은 출입이 금지되었다.[12]

1968년 1월에는 덴마크 그린란드의 툴레 공군기지 앞바다에서 핵무기를 실은 BS가 추락했다. 수소폭탄 4발을 싣고 소련에 대해 경계 대기 중 화재가 발생하자 기지에 비상착륙하려다 추락한 것으로 보인다. 탑재하고 있던 수소폭탄 플루토늄이 흩어지면서 방사능 오염으로 이어졌다.

국방부는 해외에서 핵무기 사고가 발생할 경우 "외교적 고려로 장소를 특정할 수 없다"고 밝혔으나, 방사능 오염 등으로 영향을 미칠 수 있는 경우는 예외로 인정하고 있다. 스페인 사고와 그린란드 앞바다 사고가 이에 해당한다.

이러한 핵무기 관련 중대 사고에 대해 미 국방부는 암호명으로 '브로큰 애로우'(Broken Arrow)라고 부르고 있다. 우발적 또는 명령 없는 핵무기 폭발, 핵무기 연소나 비핵폭발, 방사능 오염, 핵무기나 부품의 강탈, 도난, 분실, 오염 또는 그럴 가능성이 있는 상황이 포함된다. 실제로 국방부가 발표한 것 외에 사고가 더 많이 일어났을 것으로 추정된다.

냉전 종식 후인 1991년, 핵무기를 탑재한 경계 대기 태세는 해제되었다. 그러나 2007년 B52가 실수로 핵탄두를 탑재한 채 마이노트 공군기지에서 박스데일 공군기지까지 미 본토를 종단 비행한 문제가 밝혀지면서 핵무기의 허술한 관리 실태가 드러났다. 당시 부시 행정부가 이라크전쟁과 아프가니스탄전쟁에 집중하면서 핵억지 임무의 상대적 우선순위가 점차 낮아져 부대의 사기와 능력 저하가 지적되었다.

그에 따라 그동안 별도의 지휘체계에 있던 ICBM과 전략폭격기 부대를 일괄 지휘하는 '글로벌공격군단'이 오바마 행정부 시절인 2009년 공군에 신설되었다. 핵억지를 담당하는 부대의 존재감 저하를 막으려는 목적이었다.

글로벌공격군단의 운용·통신부장 제이슨 어마고스트 준장은 "핵무기 억지력을 효과적으로 발휘할 목적으로 핵무기에 특화된 효과적 관리와 유지를 위한 군단을 창설했다. 억지력을 보여주기 위해서는 단순히 비행만 하는 것이 아니라, 그 일의 중요성을 이해하고 동맹국 및 우방국과 협력해 나갈 수 있는 지도자가 될 병사를 어떻게 육성하느냐가 중요하다. 그렇지 않으면 비행임무는 불가능하다"고 강조했다.

B52의 현대화 계획, 100년간 의존할 것인가.

공군은 2020년대 중반 핵탄두 탑재가 가능한 차세대 스텔스폭격기 B21의 실전배치를 목표로, 1980~1990년대 도입된 전략폭격기 B1과 B2를 순차적으로 퇴역시킬 예정이다. B52는 2050년까지 현재의 76대를 운용할 계획이다. 성능에 문제가 있었던 B1이나 고가의 B2에 비해, B52는 견고하고 가격이 상대적으로 저렴하며 다양한 작전에 대한 적응성이 높다는 장점이 있다.

그러나 글로벌공격군단에서 군수 부문을 총괄하는 에릭 프렐리히 준장에 따르면, B52는 노후화로 인한 문제도 있어 전체 76대 중 8~10대를 오클라호마주 팅커 공군기지에서 상시 정비하고 있다. 또한 4~6대는 캘리포니아주 에드워즈 공군기지에서 엔진과 레이더, 무기를 개량하기 위한 테스트와 현대화 계획을 위한 조사·연구를 계속하고 있다.

프렐리히 준장은 "재래식 무기든 핵무기든 임무를 수행할 수 있는 능력이 충분한지 항상 점검하고 있다. 76대 중 실제 전투임무에 투입할 수 있는 것은 40대가 채 되지 않는다. 60년 된 폭격기를 계속 사용하는 것은 당연히 어려운 일이지만, 즉각 대응할 수 있는 태세를 유지하고 있다. 새로운 엔진과 레이더 등 현대화 계획에 대한 기대가 크다"고 말했다.

B52는 앞서 언급했듯이 핵탄두와 장거리 ALCM을 탑재할 수 있다는 점에서 최근 전쟁에서 실전에 사용된 경험이 있다. B21이 적의 방공망을 뚫을 수 있는 능력을 가지고 있다면, B52는 무거운 연료와 미사일, 폭탄을 싣고 장거리를 날아가 적의 요격미사일 사정권 밖에서 공격할

수 있다.

미군은 핵탑재가 가능한 신형 장거리순항미사일(LRSO)도 개발 중이다. 이에 대해 "B21이 있으면 불필요하다", "핵탄두와 재래식 탄두 중 어느 것을 탑재하고 있는지 구분할 수 없어 핵전쟁 위험을 키울 수 있다"는 비판도 있지만, 적의 방공망이 비약적으로 강화된 경우에도 효과적이라는 것이 군의 주장이다.

프렐리히 준장은 "B52는 핵이든 재래식 무기든 장거리 공격을 위한 완벽한 플랫폼이다. 기존 ALCM은 다른 오래된 무기들과 같은 문제를 안고 있다. 그러나 LRSO는 사거리가 긴 핵미사일의 가동률을 높일 수 있다"고 설명했다.

글로벌공격군단에서 전략계획 등을 담당하는 부서의 2인자인 마크 파이 준장 또한 "핵전력의 3대축은 미국과 동맹국 안보의 근간이 되고 있으며, 그 유용성은 21세기에 더욱 커지고 있다. 매일 바다를 항해하는 전략핵잠수함은 생존능력이 가장 높다. 지상에 배치된 ICBM은 24시간 경계태세를 유지하며 항공전력과 동맹국에 행동의 자유를 가져다준다. 전략폭격기는 가장 유연성이 높고 적에게 가시적인 억지력을 보여줄 수 있다. '즉각성'(ICBM), '유연성'(전략폭격기), '생존능력'(전략핵잠수함)으로 핵전력의 3대축은 가장 효과적이고 전략적인 억지력으로 남아 있다"고 강조했다.

파이 준장은 "3대축 무기체계의 대부분은 내구연한을 초과하여 사용되고 있어 현대화가 시급하다. B52는 장기적인 현대화 계획을 통해 2050년까지 계속 사용할 수 있다. 새로 도입되는 B21과 함께 전략폭격기의 주력을 계속 담당할 것이다"라고 부연했다.

B52는 냉전 초기 도입된 이후 세계 곳곳에서 핵사고 위험에 직면해 왔다. 어느 한 공군 조종사가 표현한 대로 '낡은 대형 트럭 같은 핵폭격기' B52에 100년 동안 의존할 가능성이 현실화되고 있다.

제3장

핵전략의 주력이 된 잠수함 :
핵전력의 3대축, 3편

대서양에 배치된 오하이오급 전략핵잠수함 '테네시'. 트럼프 행정부에서 저위력 핵탄두를 탑재한 것으로 알려졌다(2013년 2월 6일 촬영, 제공: Mass Communication Specialist 1st Class James Kimber / U.S. Navy / Reuters / Aflo)

전화 취재에 응한 미 해군 대릴 코들 잠수함대 사령관은 "잠수함이 어디를 항해하고 있는지 사령관인 나조차도 정확한 위치를 알 수 없다"고 밝혔다. 저위력 핵에 대해서는 "필요할 때 사용할 수 있는 무기가 있는 것이 중요하며, 실제로 사용할지는 별개의 이야기다"라고 솔직하게 말했다(미 해군 홈페이지).

"잠수함이 어디를 항해하는지 대략적인 해역은 알지만 정확한 위치는 사령관인 나조차도 모른다."

이렇게 밝힌 사람은 미군의 해상 핵전력부대 수장인 대릴 코들 잠수함대 사령관(중장)이다. 사령관은 핵탄두를 탑재한 잠수함발사탄도미사일(SLBM)을 갖춘 전략핵잠수함을 지휘한다.

탄도미사일은 사거리가 길고 포물선을 그리며 날아간다. 저고도를 수평으로 더 느린 속도로 비행하는 것이 순항미사일이다. 2장에서 자세히 설명했듯이 B52 등의 전략폭격기에 탑재된다.

SLBM은 대륙간탄도미사일(ICBM), 전략폭격기와 함께 핵전력의 3대축을 구성한다. 코들 사령관은 2021년 4

월 취재에서 "전략핵잠수함이 미국 핵탄두 약 70%를 싣고 있다"고 말했다. 또한 "우리는 비밀리에 행동하고 있다. 진 세계의 바닷속을 항해하고 있지만, (적이) 발견하고 추적하는 것은 매우 어렵고 3대축 중 가장 생존능력이 높다. 따라서 잠수함의 위치는 기밀로 되어 있다"고 밝혔다.

해상에서의 즉각적인 대응태세

미국 핵전력의 주력은 잠수함이다.

2011년 미국과 러시아 간에 전략핵탄두 수를 1,550발 이하로 제한하는 신전략무기감축협정(신START)이 발효되었다. 미국은 적의 공격에 취약한 지하 사일로에 배치된 ICBM을 450기에서 400기로 줄이고, 한 기에 탑재하는 핵탄두 수도 최대 3발에서 1발로 줄이는 등 ICBM을 가장 먼저 감축했다. 그리고 이 협정에서 상한을 정한 핵탄두의 대부분은 SLBM에 탑재했다. 핵전력의 중심을 SLBM으로 결정한 것이다.

세계에서 가장 많은 핵탄두를 보유한 러시아는 잠수함에 탑재한 핵탄두 역시 ICBM을 약간 웃돌아 가장 많이 보유하고 있다. 프랑스와 영국은 핵탄두 대부분이 잠수함용이다.

잠수함은 '은밀성'이 가장 큰 억지력으로 작용하는 것으로 알려져 있다. 지상발사형 ICBM은 고정식 지하 사일로에 있어 적에게 위치가 알려져 있다. 핵폭격기도 출격기지가 선제공격당할 가능성을 배제할 수 없다. 이에 반해 전략핵잠수함은 평균 77일간 심해를 항해할 수 있으며, 적이 핵공격을 가하면 위치를 노출시키지 않고 핵미사일로 반격할 수 있다고 미 해군은 말한다. 이후 35일 동안 항구에서 정비를 받는 주기로 임무를 수행한다.[13]

미 해군의 역사를 거슬러 올라가면, 핵미사일을 탑재한 핵잠수함 조지 워싱턴호가 처음 취역한 것은 1959년이다.[14] 초기 SLBM 폴라리스를 탑재한 잠수함이 대서양과 태평양에 배치되어 '전략적 억지'를 담당했다.

현재의 오하이오급 핵잠수함은 1981년부터 배치되기 시작하여 총 18척이 건조되었다. 이 핵잠수함은 1993년 1월 미국과 러시아가 체결한 제2차 전략무기감축협정(START2, 미발효)에서 감축대상에 포함되었다. 이에 따라 4척이 재래식 순항미사일을 탑재하는 잠수함으로 개조되어 현재 14척이 핵임무를 수행하고 있다.[15]

미 해군은 동해안 조지아주 킹스베이 해군기지와 서해안 워싱턴주 킷샙 해군기지를 거점으로 14척의 오하이오급 전략핵잠수함을 보유하고 있다. 미국 의회조사국 보고서에 따르면, 이 중 9척은 태평양, 5척은 대서양에 배치되어 있다. 해군은 2002년 이후 대서양에서 태평양으로 전략핵잠수함 일부를 이동시켰다. 이러한 변화는 국제안보환경의 변화를 반영한 것이며, '태평양 이동'을 통해 중국과 북한을 겨냥한 능력이 강화되었다.[16]

코들 사령관에 따르면, 전략핵잠수함 14척 중 5척이 상시 해상에서 즉각 대응할 수 있는 태세를 갖추고 있다.

신START의 발사대수 제한에 맞추기 위해 잠수함 한 척당 발사관을 24기에서 20기로 줄였다. 발사관 4기는 미사일을 운반하거나 발사할 수 없도록 제거되었다. 이로써 정비 중인 2척을 제외한 12척이 총 24기의 발사관을 갖추고 총 1,100발의 핵탄두를 탑재할 수 있도록 되어 있다.

미국의 전략핵잠수함이 탑재하고 있는 SLBM 트라이던트2 D5는 길이 13.4m, 직경 약 1.85m, 무게 59t에 달하는 초대형이다. 3단식 고정연료 로켓으로 최대 8발의 핵탄두를 탑재할 수 있으며 사거리는 6,500km에 달한다.[17]

미 해군에 따르면, 다수의 오하이오급 핵잠수함은 길이 170m, 폭 13m이다. 25노트(시속 46km) 이상의 속도를 낼 수 있고 240m 이상의 깊이까지 잠수할 수 있다. 속도나 잠수 가능 수심 등에 대해서는 더 이상 구체적으로 밝혀져 있지 않다.

그러나 전략핵잠수함 역시 노후화에 직면해 있다. 코들 사령관은 "20년 사용 예정이었던 오하이오급 전략핵잠수함의 수명을 연장하여 40년째 사용하고 있다"고 토로했다. 오하이오급 전략핵잠수함에 탑재하는 SLBM 트라이던트2 D5도 내구연한을 초과하여 사용될 예정이다.

미 해군은 1980년대 배치된 오하이오급 전략핵잠수함 14척을 2030년 이후 신형 컬럼비아급 핵잠수함 12척으로 교체하는 현대화 계획을 추진하고 있다. 컬럼비아급 핵잠수함의 취역은 당초 2029년경으로 예정되어 있었으나 계획이 지연되어 2031년경이 될 전망이다. 한편 오하이오급 핵잠수함의 퇴역은 2027년부터 시작될 예정이며, 2030년대에는 전략핵잠수함이 10척 체제로 줄어드는 시기가 길어질 것으로 보인다.[18]

코들 사령관은 전략핵잠수함 현대화의 핵심으로 센서와 무기시스템, 건식 도크와 정비 및 훈련 등의 시설을 꼽았다.

2018년 단계에서 컬럼비아급 핵잠수함 12척을 도입하는 데 드는 비용은 연구개발비를 포함하여 총 1,000억 달러에 달할 것으로 예상되고 있다. 이 때문에 해군과 국방부, 군사전문가들 사이에서는 해군의 다른 신규 함정 건조에 악영향을 미칠 것이라는 견해가 지배적이다. 공격형 잠수함, 구축함, 수륙양용함정 등 최대 32척의 해군 함정 조달이 지연될 수 있다는 우려가 제기되기도 한다.

해군에 따르면, 그동안 오하이오급 전략핵잠수함에 대해 정비 중인 2척을 제외한 12척 태세를 유지해 왔으며, 이 중 5척 정도가 대통령의 명령에 따라 해저에서 미사일을 즉시 발사할 수 있는 태세를 갖추고 있다. 그러나 적의 선제 핵공격을 억지하기 위한 '제2의 타격능력'을 위해 앞으로도 이토록 많은 핵탄두가 필요하겠냐는 비판이 있다. 다만 '최소한 12척'의 전략핵잠수함을 유지하는 것은 핵억지력을 유지하기 위해 필요하며 미국 안보의 핵심이라는 의견은 미국 의회 등에서도 확고하다.[19]

저위력 핵개발, 실전배치

핵군비 확대를 추진한 트럼프 전 행정부는 2018년 핵태세 검토보고서(NPR=Nuclear Posture Review)에서 저위력 핵탄두와 해상발사순항미사일(SLCM) 등 신형 핵무기 개발을 표명했다. 2020년 2월에는 해군이 저위력 핵탄두를 탑재한 SLBM을 잠수함에 실전배치했다고 발표했다.

지금까지 핵탄두 폭발 규모는 TNT 화약으로 환산하면 100kt급이었다. 그러나 소형 핵탄두는 히로시마형 원폭(추정 약 16kt)보다 위력이 작은 5kt급으로 억지된 것으로 알려져 있다.

미국이 저위력 핵을 도입한 배경에는 러시아의 핵전략이 있다. 러시아 측은 미국과의 사이에 저위력 핵반응 옵션에 격차가 있을 것을 예측하고, 저위력 핵을 제한적으로 사용하는 형태로 추가적인 대규모 분쟁을 일으키겠다고 위협했다. 이를 통해 서방의 개입을 막고 자국에 유리한 상황을 만들겠다는 생각이다. 미국은 저위력 핵을 배치함으로써 그러한 능력격차를 메우는 동시에, 러시아에 사거리가 짧은 비전략핵(전술핵) 등에 의한 핵 선제공격이 큰 대가를 치르게 될 것이라는 것을 깨닫게 하여 이를 자제시키려는 의도를 가지고 있다.

400kt
전략핵폭탄 B61-11

335kt
핵탄두 W78
ICBM 미니트맨3 탑재

100kt
핵탄두 W76-1
SLBM 트라이던트2 탑재

16kt급
히로시마형 원폭

단위: kt. 5kt급
저위력 핵탄두 W76-2

그림 3-1. 미국의 주요 핵무기 위력 비교
나가사키대학 핵무기폐기연구센터(RECNA) 자료 등을 바탕으로
2021년 5월 26일자 아사히신문 디지털 '핵전략의 주역이 된 잠
수함' 그림을 참고하여 필자 작성

'전미과학자연맹'의 핵문제 전문가 한스 크리스틴슨 씨
는 취재에서 저위력 핵탄두가 탑재되는 곳은 대서양에
배치되어 있는 전략핵잠수함 테네시와 태평양을 항해하
는 또 다른 핵잠수함이라고 말했다. 그는 "태평양과 대서
양에 저위력 핵을 탑재한 소수의 핵잠수함이 상시 배치

될 것이다"라는 견해를 밝혔다.

또한 크리스틴슨 씨는 "저위력 핵탄두 배치의 목적은 전술핵 등, 적의 '제한적 핵사용'에 대해 대응수단으로 삼으려는 것이다. 대상은 러시아뿐만이 아니다. 중국과 북한도 포함된다. 만약 태평양에서 위기가 발생하여 미국이 중국에 핵무기로 즉각 대응해야 하는 국면에 처하게 된다면, 저위력 핵은 하나의 선택지가 될 것이다. 그런 의미에서 일본과도 관련이 있는 움직임이다"라고 분석했다.

한편 저위력 핵탄두에 대해서는 "핵무기 사용의 문턱을 낮추어 핵전쟁으로 발전할 위험이 증가했다"는 비판이 거세다. 저위력 핵탄두를 탑재한 SLCM이 발사될 경우, 핵공격이 이루어진 것으로 추정되어 의도하지 않은 핵전쟁으로 발전할 우려가 제기되고 있다. 이러한 신형 핵무기 개발은 '핵무기 없는 세상'을 지향했던 오바마 행정부의 방침을 뒤집는 것으로 해석된다.

이에 대한 코들 사령관의 견해를 물었다. 사령관은 "적이 미국과 핵전쟁을 벌이는 것을 막기 위한 폭넓은 선택지를 대통령에게 제공하는 것이 중요하다"라는 핵억지론을 강조했다. 더불어 "오히려 적의 핵무기 사용가능성을 낮출 수 있다. 필요할 때 사용할 수 있는 무기가 있는 것이 중요하며, 실제로 사용할지는 별개의 이야기다"라고 말했다. 즉 '사용가능한 핵무기'인 저위력 핵을 보유함으로써 적의 핵무기 사용을 억지하고 있다고 평가하는 것이다.

이어 "전략폭격기 공중발사순항미사일(ALCM)이 있는 상황에서 SLCM은 불필요하다"는 비판에 대해서도 질문했다. 코들 사령관은 "무기 운반수단이 늘어나면 선택의 폭이 넓어지고 신뢰성도 높아진다. 은닉성이 높아 발견하기 어려운 잠수함에서 발사할 수 있다는 것은 장점으로 작용한다"고 대답했다.

또한 경쟁국인 중국과 러시아의 전략핵잠수함 능력에 대해 질문하자 사령관은 다음과 같은 견해를 밝혔다. "러시아는 미국과 마찬가지로 오랜 세월 전략핵잠수함을 배치해 왔다. 러시아의 잠수함 능력은 매우 뛰어나다. 미국만큼 강하다고는 할 수 없지만 미국에 중대한 위협이 되고 있다", "중국도 잠수함 능력을 강화하고 있고 미사일의 사거리와 능력도 향상되고 있다. 또한 러시아와 미국과 마찬가지로 잠수함을 상시 해역에 배치하려고 한다. 지금은 러시아만큼은 아니지만 능력을 강화하고 수적으

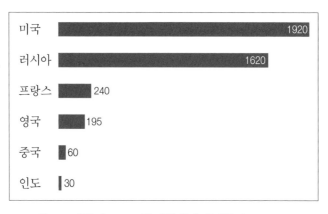

미국	1920
러시아	1620
프랑스	240
영국	195
중국	60
인도	30

그림 3-2. 각국의 SLBM 등 해양배치 핵탄두 수(2020년 기준)
나가사키대학 핵무기폐기연구센터(RECNA) 자료를 바탕으로
2021년 5월 26일자 아사히신문 디지털 '핵전략의 주력이 된 잠
수함' 그림을 참고하여 필자 작성

로도 늘리고 있어 해를 거듭할수록 큰 위협이 될 것으로
본다."

나는 취재 마지막에 의도적으로 "바이든 대통령은 오
바마 전 대통령의 '핵무기 없는 세상' 이념을 계승하겠다
고 밝혔는데 어떻게 생각하느냐"고 물었다. 사령관은 즉
각 이렇게 대답했다. "나 개인적으로는 그 목표에 동의하
지 않는다. 만약 내가 정부로부터 핵무기를 제로화하는
방향을 요구받는다면, 그것은 미국이 나아가야 할 길이
아니라고 군사적으로 조언할 것이다. 적절한 수의 핵무

기를 보유하는 것이 중요하다. 나는 바이든 대통령이 연장한 신START가 중요하다고 생각하며, 핵무기 수를 관리하고 줄이는 것은 매우 좋지만 제로화할 수 있다고 생각하지 않는다. 그것은 미국을 위험에 빠뜨리는 일이다."

나는 코들 사령관의 대답을 러시아, 중국, 북한이 지금 당장 제로화할 전망이 없는 상황에서 미국만 제로화할 수 없다는 주장으로 이해했다.

동맹국 일본에게 보여준 전략핵잠수함 내부

미국 서해안 워싱턴주 뱅골의 킷샙 해군기지는 캐나다 국경에서 가까운 시애틀에서 서북쪽으로 약 30km 떨어진, 태평양을 마주한 포구에 있다. 제2차 세계대전 중이던 1944년 군항으로 개설되었고, 1962년 핵미사일이 집적되어 SLBM의 태평양 측 거점이 되었으며, 1973년에는 잠수함부대의 모항이 되었다. 지금은 미국에서 가장 많은 핵탄두를 배치하는 기지가 되었다.[20]

2013년 4월 킷샙 기지에 정박 중인 오하이오급 전략핵잠수함 내에 일본 정부 관계자의 모습이 보였다.

미일 양국 정부는 이보다 3년 전인 2010년, 양국 외무·국방 당국자가 '핵우산'을 둘러싼 정책 등을 논의하는 '미일 확장억지협의'(EDD, 자세한 내용은 4장 참조)를 시작했으며, 1년에 한두 차례 양국에서 정기적으로 개최하고 있다. 미국에서는 수도 워싱턴이 아닌 핵전력의 현장에서 열리는 경우가 많은데, 2013년에는 일본 주변도 관할하는 전략핵잠수함의 태평양기지가 회담장소로 채택되었다.

당시 일본 정부 관계자들을 안내했던 미국 정부 측 핵심인사 중 한 명인 당시 국무부 부차관보(일본·한국 담당) 제임스 줌왈트 씨가 취재에 응해주어 그 상황에 대해 상세히 설명했다.

줌왈트 씨에 따르면, 일본 측 참가자는 외무성, 방위성 관계자 등 약 20명 정도였고, 방위성 방위연구소와 워싱턴 주미일본대사관 관계자도 있었다고 한다. 줌왈트 씨는 "일본 측은 전략핵잠수함 내부를 방문하여 그 능력을 직접 보고, 미 핵전력의 3대축 중 하나인 전략핵잠수함에 대한 이해를 높일 수 있었다. 전략핵잠수함의 태평양기지(킷샙)와 대서양기지(킹스베이) 중 태평양기지를 선택한 것은 일본과 관계가 더 깊기 때문이다"라고 회고했다.

"중요한 것은 잠수함의 높은 생존능력을 보여줌으로써 필요할 때 사용할 수 있는 핵억지력이라는 확신을 일본 측에 심어주는 것이었다"고 온라인 취재에서 말하는 제임스 줌왈트 전 국무부부차관보(필자 촬영)

일본 정부 관계자들은 전략핵잠수함 내에서 핵탄두를 탑재할 수 있는 SLBM 트라이던트2 발사관을 견학했다. 발사관은 거대했고 병사들이 잠을 자는 생활실 바로 옆에 있었다고 한다. 줌왈트 씨는 "나라면 불편하다고 생각했겠지만, 잠수함 내 공간은 한정되어 있기 때문에 병사들은 익숙해져야 한다"고 말했다.

그리고 비밀의 베일에 싸인 전략핵잠수함 내부를 일본 정부 관계자들에게 보여준 의도를 다음과 같이 밝혔다. "중요한 것은 잠수함의 높은 생존능력을 보여주고, 필요할 때 사용할 수 있는 핵억지력이라는 확신을 일본 측에 심어주는 것이었다. 우리는 일본을 지키기 위한 준비가 되어 있다는 것을 일본 측이 이해해주기를 바랐다." 일본 정부 관계자들은 창문이 없는 잠수함 내를 돌아다니며 여러 명의 젊은 병사들에게 질문을 거듭하고, 잠수함에서의 임무와 생활에 대해 이해를 넓혀 갔다.

줌왈트 씨는 "병사들은 좁은 잠수함 안에서 잠을 잘 때도, 밥을 먹을 때도 항상 누군가와 함께 있다. 다른 승조원을 만나지 않는 것은 화장실에 있을 때뿐이다. 프라이버시는 없고 다른 승조원들과 팀으로 호흡을 맞춰야 한다. '이제 너한테 질려서 떠나고 싶다'고 말할 수도 없다. 이 때문에 잠수함 승조원들은 특수한 환경에서 생활할 수 있는 정신적 능력을 갖추었는지 테스트를 받고 있다"고 설명했다.

미국 측은 전략핵잠수함이 상시 태평양에 배치되어 경계태세를 유지하고 있다고 설명했다. 잠수함이 임무를 마치고 기지로 돌아오면, 또 다른 잠수함이 출항하는 식으로 단절이 없다는 점을 강조한 것이다. 줌왈트 씨는 당시 EDD에 참가한 일본과 미국 당국자 사이에 다음과 같은 대화가 오간 것을 기억하고 있었다.

일본 측 : "(태평양) 해저에 있는 잠수함을 찾는 것이 얼마나 어려운가?"

미국 측 : "(미국) 잠수함은 정숙성이 뛰어나다. 광활한 바다에서 잠수함을 찾는 것은 이곳 워싱턴주에서 빗자루를 찾는 것과 같다."

당시 미국 측 군인 중 한 명은 "우리의 임무는 바닷속에서 '보이지 않는 존재'(to be invisible)가 되어 항상 즉각적으로 대응할 수 있도록 하는 것이다"라고 강조했다고 한다.

줌왈트 씨는 "여러 척의 잠수함을 배치하면, 적들이 동시에 발견하는 것은 사실상 불가능하다. 그러한 점에서 잠수함은 필요할 때 언제든 즉시 대응할 수 있다. 이것이 핵심이다"라고 강조했다. 그리고 "이 때문에 잠수함 승조원들은 가족과의 통신도 어렵다. 바다에서 임무를 마치고 기지로 돌아오면 휴가가 주어져 가족과 함께 시간을 보낼 수 있다"고 덧붙였다.

킷샙 기지 바로 옆에는 일본 해상보안청에 해당하는 해안경비대 기지가 있었다. 일행은 그곳도 방문하여 잠수함이 어떻게 항구에 들어와 정박하고, 정박 후 항구를 빠져 나가는지에 대해 해안경비대의 설명을 들었다.

"잠수함은 항구를 드나들 때 해저를 잠행하기 때문에 그 위치를 알 수 없다. 그러나 항구에 정박해 있을 때는 수면 위로 모습을 드러내고 있어 (적의) 공격에 취약하다. 해안경비대의 임무는 잠수함이 출항할 때까지 지키는 것이다. 이를 위해 해군과 해안경비대는 많은 조정과 훈련을 거듭하고 있다. 양측이 긴밀하게 연계되어 있다는 사실에 해상자위대 간부들은 놀라는 눈치였다."

그러나 미국 측은 이날 핵탄두를 일본 측에 보여주지 않았다. 줌왈트 씨는 "우리는 그날 핵탄두를 보지 못했다. 전략핵잠수함에 관해서는 기밀로 처리된 것이 있다. 얼마나 빠른 속도로 항해할 수 있는지와 같은 정보도 그중 하나다. 모든 능력을 보여줄 필요는 없다"고 말했다. 동맹국에도 공개할 수 없는 핵기밀이 있었음을 인정한 것이다.

핵잠수함의 전 함장이 말하는 '핵억지력'에 대한 의문

킷샙 기지에서 불과 8km 정도 떨어진 곳에 살고 있는 전 미 해군 대령 톰 로저스 씨(75세)는 오랫동안 핵잠수함 지휘관으로 핵전력 운용에 관여했다. 그는 1967년 해군에 입대하여 잠수함부대에 지원했다. 그 과정에서 기계공학 학사학위를 취득했고, 1975년부터 소련이 붕괴된 1991년까지 전술핵을 탑재한 잠수함에서 활동했다. 해군 임무로 요코스카, 사세보, 미사와, 오키나와를 방문한 적도 있다고 했다.

그러나 점차 로저스 씨는 "냉전이 끝났는데도 왜 미국은 냉전 때와 마찬가지로 전략핵 트라이던트 탑재 잠수함을 계속 배치하는가"라는 의문을 품게 되었다고 한다. 핵억지력에 대해서도 '불편함'을 느끼기 시작했다고 했다.

로저스 씨는 "엔지니어로서 전문적으로 일하면서 핵무기의 성능에 대한 기술적 세부사항, 폭발력, 방사능과 오염피해 등을 이해하게 되었고, 만약 핵무기가 사용되면 인도주의적 재앙이 일어날 수 있다는 것을 인식하게 되었다"고 말했다.

로저스 씨는 1998년에 32년 가까이 복무한 해군을 제대하고 현재 위치로 이사하면서, 평화운동단체인 '그라운드 제로'에 가입하고 핵무기 반대운동에 참여하게 되었다. 잠수함의 핵전력을 잘 알고 있는 전직 군인에게 도대체 무슨 일이 있었던 것일까. 나는 자세히 물어보기로 했다.

로저스 씨가 현역 시절 다루었던 것은 '서브락'이라는 공격형 핵잠수함 배치 핵탄두가 달린 대잠미사일이었다. 사거리 50km 정도의 전술핵으로 소련이 붕괴한 1991년 전후에 폐기되었다. 이 대잠미사일은 소련 잠수함이 전시에 (핵탑재) 탄도미사일을 발사하려고 할 때, 적 잠수함을 타격하기 위한 최종수단으로 사용할 것을 상정한 것이었다.

로저스 씨는 "서브락은 잠수함 내 어뢰발사관에서 발사하는 것으로 상시 여러 발을 탑재하고 있었다. 그러나 임무 중에는 항상 그 안전에 신경을 써야 했다. 첫 번째는 이 무기 자체를 항상 지켜야 했다. 두 번째는 무기를 다루는 대원들을 선별하여 문제가 있는 사람은 절대 접근하지 못하게 하는 것이었다"고 회고했다.

정작 명령을 받으면 핵무기를 사용해야 하는 임무의 윤리적 문제에 대해서는 "서브락은 민간인이 연루될 수 있는 육상의 표적이 아니라, 해상의 표적을 노리는 것이기 때문에 그렇게 무섭지 않았다. 해상에서도 핵무기 사용은 잘못된 것이지만, 표적이 육지와 바다에서는 (피해 규모에) 차이가 있다는 것을 알 수 있을 것이다"라고 말했다.

그러나 로저스 씨에 따르면, 서브락의 폭발 규모는 전술핵이라고 하더라도 10kt에 육박하며, 이는 히로시마 원폭의 16kt과 거의 맞먹는 규모다. 로저스 씨는 "사거리가 50km 정도밖에 되지 않기 때문에 (적함과의) 근거리 발사는 폭발의 충격이 커서 자살행위가 될 우려가 있었다.

아무리 작은 규모의 핵무기라도 핵무기는 핵무기다. 최대 규모의 재래식 무기와 비교해도 (위력은) 전혀 다르다는 것을 명심해야 했다"고 당시 심경을 전했다. 임무 중에는 항상 강한 긴장감을 느꼈다고 한다.

그렇다면 로저스 씨가 제기한 핵억지력에 대한 의문은 무엇이었을까. 이에 대해 질문했다. 로저스 씨가 가장 먼저 언급한 것은 미국이 채택하고 있는 '경보 즉시 발사'(LOW) 태세에 대한 강한 우려였다. ICBM은 적의 핵미사일 발사를 알리는 경보가 울리면, 착탄하기 전에 보복 핵미사일을 발사해야 한다. Use them or lose them(사용할 것인가, 잃어버릴 것인가)이라는 궁극적인 선택을 단시간에 해야 하는 것이다.

로저스 씨는 계속 말을 이어나갔다. "적이 ICBM을 발사했다는 경보가 울리면, 이쪽 미사일을 잃지 않기 위해 보복공격하는 수밖에 없다. 러시아에서 미국 본토까지 30분 정도면 도달할 수 있기 때문이다. 대통령은 상황 설명을 듣고 몇 분 안에 결정을 내려야 한다. 외교적 교섭을 할 시간 따위는 없다. (정보의 진위를) 확인할 여유도 없다. 따라서 잘못을 저지를 가능성이 높고, 그렇게 되면 억지는 실패한다. 핵무기는 본질적으로 세계의 생존을

"핵무기는 본질적으로 세계의 생존을 위협하는 불안정한 시스템이기 때문에 보유해서는 안 된다고 생각한다. 핵억지력의 실효성에 대해 매우 회의적이다"라고 온라인 취재에서 말하는 톰 로저스 전 해군 대령(필자 촬영)

위협하는 불안정한 시스템이기 때문에 보유해서는 안 된다고 생각하게 되었다. 핵억지력의 실효성에 대해서는 매우 회의적이다."

그렇다면 핵무기가 배치된 기지의 지역이 안고 있는 위험에 대해서는 어떻게 생각할까. 로저스씨도 미국에서 가장 많은 핵탄두가 배치된 킷샙 기지 인근 주민 중 한 명이다.

로저스 씨는 '적의 핵무기 공격위험'과 '자국의 핵무기 관련 사고위험' 두 가지를 지적했다.

공격을 당할 위험에 대해서는 솔직하게 인정하며 "적으로부터 핵공격을 받으면 우리는 모두 죽게 된다. 만약 미국이 상대 핵무기 시설을 겨냥하여 선제공격을 한다면, 서해안이나 동해안 기지가 가장 먼저 적의 표적이 될 것이다"라고 경고했다.

사고위험에 대해서는 "잠수함이나 육상시설에 배치된 핵무기의 안전관리는 높은 수준이라고 자신 있게 말할 수 있다"고 강조했다. 하지만 그래도 '아찔한 상황'은 있다고 했다. "몇 년 전 정비 중 (잠수함의) 미사일 발사관에 사다리가 남겨져 있어, 발사관에서 미사일을 꺼낼 때 사다리가 미사일 표면에 박혀버린 적이 있었다. 파멸적인 실수가 될 수 있었다"고 말했다.

　이러한 운영상의 구체적인 위험을 감안할 때, 현재 보유 중인 오하이오급에서 컬럼비아급 핵잠수함으로 개량하는 핵무기 현대화 계획에 대해 어떻게 생각하는지 물었다.

　로저스 씨는 "컬럼비아급 함정의 취역이 2031년으로 예정되어 있다. 이후 40년은 계속 사용될 것이기 때문에 첫 퇴역은 2070년쯤, 마지막 퇴역은 80년쯤이 될 것이다. 우리는 그렇게 오래도록 핵무기를 보유해서는 안 된다고 생각한다. 잠수함은 한 번 만들면 퇴역, 폐기하기가 매우 어렵다. 해양발사형 핵무기를 앞으로 60년이나 계속 배치한다니, 엄청난 돈 낭비다. 나는 나의 손자와 증손자를 위해 그렇게 하고 싶지 않다"고 토로했다.

'최우선적 표적이 되는' 기지 주변 주민들의 우려와 무관심의 현실

로저스 씨가 참여하고 있는 평화활동가 단체 '그라운드 제로'가 설립된 것은 1977년이다. 이 단체는 핵탄두 탑재가 가능한 트라이던트를 탑재한 잠수함의 입항을 저지하기 위한 활동을 전개하고 있다. 초창기부터 활동해온 핵심멤버 글렌 밀너 씨에 따르면, 핵탄두를 기차로 운반하는 것에 대해서도 단체가 항의시위를 벌이자 표식을 붙이지 않은 트럭으로 운반하기 시작했다고 한다.

그러나 1950년 7만여 명이었던 킷샙 지역의 인구는 2021년 27만 명을 넘어 계속 증가하고 있다. 33,000여 명의 군인과 군무원 외에 7,500여 명의 군수산업 관계자가 킷샙 기지에서 근무하고 있으며, 기지는 지역에서 최대 고용처가 되었다. 현지 언론에 따르면, 전략핵잠수함이 배치될 당시 학교와 고속도로 건설 등 연방정부의 전폭적인 지원이 있었다고 한다.[21] 군산복합체와 지역 정치·경제의 강한 유착이 이곳에도 있었다.

그라운드 제로는 최근에도 히로시마, 나가사키의 원폭의 날 등 정기적으로 반핵 시위를 이어가고 있지만 참가자가 20명 정도로 그치는 날이 많아졌다. 밀너 씨는 "냉전 시기인 1980년대에는 모두가 핵전쟁을 걱정했지만 냉전이 끝나면서 많은 사람들이 신경을 쓰지 않게 되었다. 시애틀의 도시 주민이나 젊은 세대는 잠수함기지 존재조차 모르는 사람이 많다"고 한탄했다. 밀너 씨는 "핵전쟁이 일어나면 이곳이 가장 먼저 표적이 될 것이다. 사고가 나면 핵물질이 확산되어 대참사가 일어날 것이다"라며 강한 위기감을 드러냈다.

제4장

'핵무기 현대화 계획'의 탄생 :
오바마 행정부

현직 대통령으로서는 처음으로 히로시마의 평화기념공원을 방문한 오바마 대통령(2016년 5월 27일)

'핵무기 없는 세상'

오바마 대통령은 2009년 4월 체코의 수도 프라하에서의 연설에서 '핵무기 없는 세상'이라는 목표와 이를 실현하기 위한 정책을 밝혔다. 그러나 이 목표는 "지금 당장은 도달할 수 없다"고 언급하며, "핵무기가 존재하는 한, 적을 억지할 수 있는 효과적인 핵전력을 유지할 것이다"라고 밝혔다.

오바마 대통령은 "미국은 핵무기를 사용한 적이 있는 유일한 핵보유국으로서 행동할 도의적 책임이 있다. 핵무기 없는 세계의 평화와 안보를 추구할 것이라는 약속을 표명한다"고 강조한 뒤 다음과 같이 말을 이어나갔다. "이 목표는 지금 당장 도달할 수 없다. 아마 내가 살아 있는 동안에는 불가능할 것이다. 인내와 끈기가 필요하다. 미국은 핵무기 없는 세상을 위해 구체적인 조치를 취할 것이다. 그러나 핵무기가 존재하는 한, 적을 억지하기 위한 효과적인 핵전력을 유지할 것이다. 동맹국에 그 전력에 의한 방위를 보장할 것이다. 동시에 미국의 핵전력을 감축하기 위한 노력을 시작할 것이다."

오바마 행정부는 정확히 그로부터 1년 뒤인 2010년 4월, 미국의 중기적 핵정책의 지침이 되는 '핵태세 검토보고서'(NPR=Nuclear Posture Review)를 발표했다. 당시 로버트 게이츠 국방장관은 '핵무기 없는 세상'을 위해 "지금 구체적인 조치를 취하기 시작해야 한다"고 주장하는 한편, "핵무기가 존재하는 한, 적을 억지하고 미국과 동맹국의 안전을 지키기 위해 안전하고 효과적인 핵전력을 유지한다"는 방침을 재확인했다.

NPR에서 미국은 핵확산금지조약(NPT)을 준수하는 비핵보유국에 대해 핵공격도, 핵공격 위협도 가하지 않겠다고 선언했다.

핵무기 사용에 대해서는 미국과 동맹국의 중대한 이익을 보호하기 위해 '극한의 상황'에 한해 검토할 것이라고 밝혔다. 핵무기 보유 목적을 미국이나 동맹국에 대한 핵공격 억지로 한정하는 '유일한 목적' 선언은 보류하는 대신, 향후 그러한 선언이 채택될 수 있는 환경을 조성하기 위해 노력하겠다는 생각을 밝혔다.

NPR은 '안전하고 효과적인 핵전력 유지'를 위해 새로운 핵탄두 개발을 하지 않기로 했다고 밝혔으며, 또한 냉전기 함정에 배치된 핵탄두 탑재형 순항미사일 토마호크(TLAM-N)의 퇴역 등도 제시했다. 한편 앞장에서 소개한 대륙간탄도미사일(ICBM), 전략폭격기, 잠수함발사탄도미사일(SLBM)의 핵전력 3대축에 대해서는 "유지해야 한다"고 결론지었다.

동맹국에 대한 '핵우산' 제공에 대해서는 "미국의 확장억지의 신뢰성과 유효성을 확실히 하기 위해 동맹국들과 협의할 것이다"라고 밝혔다.

또한 당시 ICBM에는 450기 미사일에 각각 1~3발의 핵탄두가 탑재되어 있었으나 한 발씩만 탑재하는 단탄두화를 추진하기로 했다. 그러나 SLBM 탑재 전략핵잠수함에 대해서는 탑재 핵탄두 수를 바꾸지 않고 주력으로 유지할 것이라는 방침을 밝혔다. 전략폭격기에 대해서는 당시 보유하고 있던 76대의 B52와 18대의 B2 중, B52 일부를 재래식 탄두를 탑재하는 임무로 전환한다고 밝혔다.

NPR은 ICBM 경계태세와 전략잠수함의 해상배치 비율을 줄이는 가능성도 검토했으나, 다시 경계태세에 들어가기 전 적에게 공격할 동기를 줄 수 있다는 이유로 현상유지를 결정했다. 한편 전략폭격기를 냉전기와 같은 상시 경계태세로 되돌리는 것은 다른 2대축의 경계태세가 유지되면 불필요하다는 견해도 밝혔다.

이러한 중요한 핵전략을 발표한 이후, 오바마 대통령과 러시아의 메드베데프 대통령은 2010년 4월 8일 프라하에서 양국의 전략핵탄두 수를 각각 1,550발 이하로 감축하는 신전략무기감축협정(신START)에 서명했다. ICBM, 전략폭격기, SLBM의 운반수단에 대해서는 각 700개를 배치하고, 미배치도 포함한 총계는 각 800개까지로 규정했다. 감축의 상호검증과 사찰도 의무화했으며, 발효 후 10년간 유효한 것으로 결정했다. 이 조약은 1991년 체결되어 2009년 만료된 1차 전략무기감축협정(START1)을 계승한 것이다.

조약비준과 맞바꾼 핵무기 현대화 약속

그러나 2010년 연말 이 조약(신START)의 향방에 먹구름이 드리워졌다. 미국의 경우 조약비준을 위해서는 상원(정수 100명)의 3분의 2 이상의 찬성이 필요한데, 직전 중간선거에서 약진한 야당 공화당의 유력 의원들이 비준승인 거부의 뜻을 내비친 것이다.

그 중심에는 당시 공화당 보수파로 강력한 영향력을 가진 존 카일 상원의원이 있었다. 그는 취재에서 다음과 같이 회고했다.

"오바마 행정부는 미국과 러시아의 핵탄두 및 운반수단 수를 제한하는 신START가 평화를 유지하는 최선의 방안이라고 생각했다. 나는 오바마 행정부 측에 '핵무기 현대화 계획을 추진하겠다고 약속하면 조약을 무산시키지 않겠다'고 말했다. 미국의 핵무기 현대화는 (러시아나 중국에) 크게 뒤처져 있다. 나는 핵무기 개발과 유지를 담당하는 국립연구소 및 군 간부들과 논의를 거듭하며 첨단 무기를 언제나 사용할 수 있는 상태로 만들어야 한다고 생각했다."

30년간 1조 달러 이상을 투입하는 미국 핵무기 현대화 계획을 처음 승인한 것은 오바마 행정부였다. 이 계획은 구체적으로 어떻게 시작된 것일까.

미국 정부 고위급 인사들의 말에 따르면, 이 계획의 시작은 2010년 12월로 거슬러 올라간다. 백악관 상황실(위기관리실)에 오바마 대통령, 게이츠 국방장관, 클린턴 국무장관을 비롯한 정부 고위급 인사들과 공화당의 카일 상원의원 등 10여 명이 모여 하나의 합의를 도출했다.

오바마 대통령은 의회가 신START 비준을 승인하는 대신, 핵무기 현대화를 약속하는 문서에 서명하는 데 동의했다. 서약서에는 "나는 전략폭격기와 ICBM, SLBM 등 3

취재에서 "나는 오바마 행정부 측에 '핵무기 현대화 계획 추진을 약속하면 조약을 무산시키지 않겠다'고 전달했다"고 밝히며, '핵무기 없는 세상'에 대해 "그러한 것은 환상"이라고 일축하는 존 케일 전 상원의원(미 상원 홈페이지)

대축을 현대화할 방침이다"라고 명시되었다. 핵무기 현대화 계획이 본격적으로 추진되기 시작한 순간이었다. 미국 상원은 같은 달 신START 비준을 찬성 다수로 승인했다. 카일 상원의원은 "오바마 대통령은 현대화에 반대하지 않았지만 최우선 과제는 아니었을 것이다. 정부가 현대화에 동의하지 않으면 조약에 반대하라고 공화당 동료 의원들에게 요구했기 때문에, 오바마 행정부가 현대화 협의에 응했다고 생각한다. 조약을 무산시키려고 했다면 할 수도 있었지만, 현대화 약속을 받아내는 것이 더 중요했다. 동료 의원들에게 조약비준 반대는 요구하지 않았다"고 밝혔다.

오바마 대통령이 목표로 내세운 '핵무기 없는 세상'에 대한 견해를 물었다. 카일 의원은 "그러한 것은 환상이다.

핵무기는 실제로 발명되었고, 발명된 것을 없앨 수는 없다"고 일축했다. 그리고 거침없이 이야기를 이어나갔다.

"핵무기를 만드는 것은 그리 어렵지 않고, 많은 국가들이 핵무기를 가지고 있거나 가지려고 해서 세계를 위험에 빠뜨리고 있다. 핵무기 없는 세상이 더 나은 세상임에는 틀림없지만, 인간이 자기 이익을 위해 핵무기를 계속 추구하지 않을 것이라고 생각하는 것은 환상이다. 그렇기 때문에 미국과 같은 나라는 어떤 나라도 전쟁 따위를 일으킬 수 없도록 하는 능력을 가지고 있다는 것을 분명히 보여주어야 한다. 미국은 러시아나 중국과 마찬가지로 3대축을 모두 가지고 있어야 한다. 예를 들어 ICBM 등 어느 하나라도 포기하면 매우 취약해져 적의 공격을 초래할 수 있다." 카일 의원은 전형적인 핵억지론을 주장한 것이다.

러시아와의 신START 협상을 주도한 로즈 고트멀러 당시 국무부 차관보(훗날 국무차관)는 그때를 이렇게 회고했다. "초당파의 좋은 리더였던 조 바이든 당시 부통령은 오바마 대통령으로부터 조약의 비준을 위임받아 매일같이 백악관과 연방의회에서 상원의원들을 만나고 신중하게 이야기를 나누었다. 바이든 전 부통령은 조약의 중요성을 강조하는 한편, 의원들이 우려하는 핵무기 현황의 악화, 현대화 투자 및 탄두 소재 생산을 위한 새로운 시설 건설의 필요성에 대해 귀를 기울였다. 실제로 오하이오급 핵잠수함도 B52 전략폭격기도 오랫동안 사용되어 현대화해야 할 시점에 이르렀다. 중요한 것은 이것이 미국의 핵전력의 확장이 아니라 개량이라는 점이다. 러시아는 이미 핵무기 현대화를 진행 중인데, 미국의 노후화된 핵무기의 현대화는 기약이 없다. 그러나 신START는 운반수단 배치를 700기까지로 규정하고 있어 조약의 테두리 안에서 진행해야 한다. 바이든 전 부통령은 그해 크리스마스 휴가 전까지 상원에서 조약비준 승인을 얻기 위해 힘을 쏟았다.”

오바마 행정부에서 핵정책 담당 특별보좌관을 지냈고 서약서 작성에도 관여한 존 울프스탈 씨에게도 이야기를 들어보았다. “카일 의원 등은 (아들)부시 행정부가 핵무기 현대화에 자금을 투자하지 않은 것을 우려했다. 우리는 (부시 행정부가) 이라크전쟁에 막대한 전비를 쏟아 붓는 것보다, 핵전력을 안전하고 효과적으로 유지하기 위한 핵무기 현대화에 예산을 투입해야 한다는 점에서 일치했다”고 회고했다.

오바마 대통령은 지난해 프라하에서의 연설에서 '핵무기 없는 세상'을 호소했지만, "아마 내가 살아 있는 동안에는 불가능할 것이다"라고 했으며, "핵무기가 존재하는 한, 적을 억지하기 위한 효과적인 핵전력을 유지하겠다"고 강조했다. '핵억지력 유지'라는 기본방침은 역대 미국 정부와 다르지 않았던 것이다.

핵억지와 핵군축의 양립

울프스탈 씨는 "오바마 대통령의 핵무기 없는 세상이라는 목표와 핵무기 유지를 모두 요구하는 연설이 새롭다고 생각하지는 않는다. 직전 부시 행정부가 군축에 관심을 보이지 않았고, 군비경쟁을 종식시키려는 NPT하에서 미국의 약속도 외면했기 때문에 신선하게 들렸을 뿐이다"라는 견해를 밝혔다. 이 점에 대해 고트멀러 씨도 "핵억지력은 추가적인 핵감축과 궁극적으로 핵폐기를 추구하는 목표로 이어져야 한다. 이것이 미국 핵정책의 핵심이다"라고 지적하며, 핵억지와 핵군축은 병행해서 추진해야 한다고 강조했다.

온라인 취재에서 "핵억지력은 추가적인 핵감축과 궁극적으로 핵폐기를 추구하는 목표로 이어져야 한다. 이것이 미국 핵정책의 핵심이다"라고 말하는 로즈 고트멀러 전 국무부 차관보(필자 촬영)

울프스탈 씨에 따르면, 서약서 작성에는 울프스탈 씨 외에도 바이든 전 부통령의 고문을 지낸 브라이언 맥키온 씨와 여러 국방 당국자들이 관여했다고 한다.

울프스탈 씨는 "당시 공화당 의원들은 오바마 대통령의 양보를 이끌어냈다는 인상을 심어주고 싶어 했지만, 우리에게 (서약서 작성은) 어려운 일이 아니었다. 오바마 대통령이 3대축의 유지와 현대화를 전폭적으로 지지했기 때문이다. 오바마 대통령이 가능한 한 빨리 핵폐기를 추진하고 싶어 한다는 것은 공화당 반대파가 만들어낸 이미지다. 오바마 대통령은 '미국에서 태어나지 않았다'는 등의 발언을 했던 바로 그 사람들이다"라고 밝혔다.

"오바마 대통령이 앞으로 40~50년 더 산다면, 현존하는 핵무기를 계속 배치하기는 어렵고 갱신이 필요하다. 그렇다면 무엇을, 얼마나 많이, 얼마나 많은 예산을 들여

유지할 것인가. 그것이 대통령과 의회가 생각해야 할 과제였다."

'미일 확장억지협의' 시작, 변화하는 동맹

미국과 일본의 외무·방위 당국자가 '핵우산'을 둘러싼 정책 등을 논의하는 '미일 확장억지협의'(EDD)를 시작한 것은 2010년 2월의 일이다. 일본 정부는 오바마 대통령이 프라하 연설에서 '핵무기 없는 세상'을 내세운 것에 대해 불안감을 드러냈다. 그러한 불신을 불식시키기 위해 미국 정부 측이 핵전력의 현장을 보여주고, 핵전략에 대해서도 자세하게 알려주려고 했던 것이다.

EDD는 일본과 미국이 번갈아가며 연 1~2회 개최했다. 일본은 도쿄 시내 외무성 등에서 개최했지만, 미국은 수도 워싱턴이 아닌, 3장에서 소개한 오하이오급 전략핵잠수함 거점인 킷샙 해군기지(워싱턴주)를 비롯해 ICBM, 전략폭격기 거점인 마이노트 공군기지(노스다코타주), ICBM 발사실험이 이루어지고 있는 반덴버그 공군기지(캘리포니아주), 신형 핵무기 성능실험이 진행되고 있는 에너지부 샌디아 국립연구소(뉴멕시코주) 등 핵전력의 현장을 선택했다.

2013~2014년 오바마 행정부에서 국무부 부차관보(일본·한국 담당) 자격으로 EDD에 총 3차례 참가한 제임스 줌왈트 씨는 다음과 같이 밝혔다. "미국이 '핵무기 없는 세상'이라는 목표를 위해 노력하는 한편, 적이 핵무기를 가지고 있는 상황에서 어떻게 억지력과 전력을 유지해 나갈 것인가, 그것이 일본 측의 큰 의문이었다. 이를 위해 미국 측은 국방부와 국무부 담당자가 참석하여 핵무기의 (현대화 계획 등을 통한) 억지력 유지에 대해 설명하고, 핵무기 감축을 위한 군비관리협상에 어떻게 임할 것인지에 대해 이야기했다."

또한 "일본이 공격을 받으면 ('핵우산'을 제공하는) 미국은 일본을 방어하겠다고 약속했다. 다만 일본 측은 다양한 상황에 구체적으로 어떻게 대응할 것인지에 대해 더 많은 정보를 요구했고 이해하고 싶어 했다. 미국의 입장에서는 일본이 미국을 신뢰한다고 해도 미국의 핵정책과 독트린, 능력에 대한 이해가 부족하면 의구심을 가질 수밖에 없기 때문에 더 많은 투명성을 가져야 한다고 생각했다."

줌왈트 씨에 따르면, 미국 정부가 EDD에서 목표로 삼은 것은 일본 측에 미국의 핵전력을 공개하는 것과 더불어, 미국이 핵무기와 관련해 어떠한 상황에서 어떠한 선택을 할 것인가 하는 독트린을 이해시키는 것이었다.

미국 측의 핵전력 공개와 관련하여 일본 측은 미 핵전력의 뛰어난 능력과 필요한 예산규모에 강한 인상을 받은 모습이었다고 한다.

또한 독트린과 관련해 일본 측은 '미국 측이 자신들의 의사결정을 어떻게 일본에 알릴 것인가', '일본은 그 의사결정에 참여할 것인가', '미일 간 의사소통은 어떻게 진행할 것인가' 등에 강한 관심을 보이며 양국이 많은 논의를 나누었다고 한다.

그에 대한 구체적 방안으로 EDD에서 미일 양국은 핵공격에 대한 대응을 포함한 모의훈련도 실시했다.

줌왈트 씨는 다음과 같이 회고했다. "핵위기가 발생하면 여유롭게 논의할 시간이 없으며 속도가 요구된다. 따라서 모의훈련의 핵심은 미국과 일본 간 의사소통을 어떻게 신속하게 하느냐가 관건이었다. 자세한 내용은 말할 수 없지만 미국 측이 어떻게 일본에 정보를 전달하고, 일본 측이 어떻게 의견을 표명하여 그것을 미국의 의사

결정에 반영시킬 것인가가 논의의 중심이었다. 미국의 입장에서도 일본과 정보를 주고받으면서, 일본이 어떠한 상황에서 어떻게 대응할 것인지에 대해 이해하는 것은 매우 도움이 된다. 서로에게 유익한 모의훈련이었다.”

북대서양조약기구(NATO)에 가입한 독일, 이탈리아, 벨기에, 네덜란드, 튀르키예 5개국에는 미국의 핵폭탄 B61이 배치되어 있으며, 유사사태 발생 시 자국 전투기로 운반하여 사용하는 ‘핵공유’체제가 존재한다.

줌왈트 씨는 “미국은 (일본 측에게) 나토와의 (핵무기) 공유에 대해서도 설명하고 논의했다”고 밝히면서도, “동아시아에 그러한 능력을 두는 것에 대해서는 한 번도 이야기한 적이 없다. 일본에는 ‘핵을 갖지 않고 만들지 않고 반입하지 않는다’는 비핵 3원칙이 있고, 일본 측으로부터 의뢰받은 적도 없기 때문에 미국이 일본 영토 내 핵무기를 배치하는 일은 없을 것이며, 그러한 이야기가 의제에 오른 적도 없다”고 강조했다.

또한 핵무기의 실제 사용과 관련된 정보는 기밀이 많이 포함되어 있기 때문에, 미국 측이 일본 측에 그러한 기밀정보를 제공할 경우 어떻게 정보를 보호할 것인지에 대해서도 논의했다고 전했다.

핵능력 유지비용

　줌왈트 씨는 핵 관련 시설 방문에 대한 또 다른 일화도 들려주었다. 2014년 6월 '미일 확장억지협의'(EDD)는 신형 핵무기 성능실험을 진행하는 샌디아 국립연구소에서 개최되었는데, 여기에 참석했을 때의 일이다.

　"핵무기 연구를 하고 있는 시설을 방문하여 우리가 어떠한 능력과 기동성을 유지하고 있는지 일본 측에 설명했다. 미국은 끊임없이 핵무기 현대화와 실험을 반복하고 있는데, 그러한 능력을 유지하는 데 얼마나 많은 비용이 드는지 일본 측은 잘 알지 못했던 것 같다. 일본 측에 연구에 참여하는 과학자들을 만날 수 있는 좋은 기회가 되었다고 생각한다."

　미일 참가자들이 연구소를 방문하던 중 캘리포니아대학교 버클리에서 핵물리학 박사학위를 취득한 30세 정도의 젊은 과학자 한 명과 이야기를 나눌 기회가 있었다.

　일본 측 참가자는 "샌프란시스코에서 뉴멕시코까지 와서 일을 하려고 생각한 이유가 무엇이냐"고 물었다. 그 과학자는 "대학원에서 배운 지식은 가치가 높기 때문에 민간기업에 들어가면 훨씬 더 많은 돈을 벌 수 있다. 그러나 이곳에서는 세계 어디에도 없는 최첨단 연구가 가능하다. 그래서 오려고 생각했다"고 대답했다고 한다.

줌왈트 씨는 "일본의 입장에서 핵능력을 유지하는 사람들을 직접 만나 그들의 동기가 어디에서 비롯되고, 어떠한 문제를 안고 있는지 파악하는 것은 도움이 된다. 또한 그러한 능력을 유지하기 위해 미국 정부가 많은 과학자들을 고용하고 있으며, 매우 많은 예산을 투입하고 있다는 사실을 아는 것도 흥미로웠을 것이다"라고 덧붙였다.

미국의 입장에서는 미 국방예산이 한정된 상황에서 핵무기 개발과 유지 등에 필요한 인력과 비용을 일본 측에 설명함으로써, 동맹국 일본에 더 많은 부담을 요구하려는 의도도 있었던 것으로 보인다.

줌왈트 씨는 EDD를 총평하며 다음과 같이 밝혔다. "오바마 행정부는 동맹국들이 안심할 수 있도록 미국이 정책결정 과정에서 동맹국들과 의사소통을 더 잘해야 한다고 생각했다. 이번 모의훈련은 다양한 상황에서 양국이 어떻게 의사소통하고 대응할 것인가에 주안점을 두었기 때문에 미국 측은 국방부, 국무부, 국가안전보장회의(NSC) 등 주요 부처의 대표들이 참여했고, 일본 측도 주요 부처 모두 참여하는 것이 중요했다."

아시아로 이동하는 미국의 핵전략

줌왈트 씨는 현재 EDD에 대해서는 자세히 알지 못한다고 언급하며 다음과 같은 견해를 밝혔다. "우리가 강조한 것 중 하나는 핵위기 시에는 신속한 결정이 요구되기 때문에 국회에서 논의할 시간이 없다는 것이다. EDD 이후 일본은 총리 관저에 권한을 집중시켜 (보다 신속하게 대응하는) 능력이 높아졌을 것이다. (오바마 행정부) 당시 EDD 논의의 중심은 러시아였지만, 지금은 중국의 핵전력이 이전보다 훨씬 커지면서 중국에 대한 논의가 많아졌을 것이다."

미국은 일본과 비슷한 시기인 2010년, 동아시아에서 미국의 '핵우산' 아래에 있는 또 다른 동맹국 한국과도 '확장억제정책위원회' 설치에 합의하고 일본과 비슷한 협의를 시작했다. '핵무기 없는 세상'을 표방한 오바마 행정부에 대해 한국도 '핵우산' 유지를 촉구했다. 북한의 핵위협에 대응하는 수단을 모색하는 모의훈련 실시에도 합의했다.[22] 한미 확장억제정책위원회는 2011년 3월 처음 개최되었다.

줌왈트 씨는 "억지력은 동일하며 한국과 일본의 정책적 차이는 없다. 3국이 확장억지 협의를 할 수 있으면 좋을 것이라고 생각한다. 3국이 서로 생각지도 못한 질문을 던지면서 공통의 이해를 가지고 서로의 의견에 귀를 기울일 수 있다면 좋지 않을까"하고 기대감을 드러냈다.

일본 정부는 미일 양국이 EDD 등에서 핵무기에 대해 주고받은 대화는 기밀이라는 이유로 거의 밝히지 않고 있다. 줌왈트 씨가 취재 과정에서 밝힌 내용은 일본 국민이 핵무기에 대한 이해를 넓히고 논의하는 데 있어 중요한 기초정보를 담고 있다고 생각한다.

전 외무성 군축·비확산 전문관 니시다 미치루 나가사키대학 교수는 이러한 공적인 논의의 중요성을 지적하며, 그 배경에 대해 다음과 같이 설명한다.

"냉전 시기 미국과 소련은 세계적 강대국이었고 유럽방면이 최대 현안이었다. EDD가 시작된 것은 미국의 핵전략이 아시아로 이동했음을 보여준다. 그리고 현재 중국의 핵전력이 급속히 향상되고 있어 일본이 당사국으로서 핵무기를 둘러싼 문제에 대응할 필요성이 상당히 높아지고 있다."

또한 니시다 교수는 다음과 같이 제안했다. "EDD는 미국의 핵 확장억지의 신뢰성을 일본이 확인하는 것에서 비롯되었다. 향후 그 논의를 넘어 미일 양국이 중국이나 북한의 핵에 어떻게 대처할 것인가를 고민하기 위해, 억지뿐만 아니라 군비관리와 신뢰구축을 주제로 논의하면 좋을 것이다."

핵 '선제불사용' 선언 포기

오바마 2기 행정부는 '핵무기 없는 세상'을 지향하며 핵군축의 구체적인 성과를 내고자 했다.

오바마 대통령은 2013년 6월 19일 베를린에서의 연설에서, 미국과 러시아 간 신START에서 정한 전략핵탄두 배치 상한선 1,550발을 1,000발 정도로 최대 3분의 1로 감축하는 핵군축안을 발표했다. 이와 더불어 유럽에 배치하는 비전략핵(전술핵)의 대폭 감축에 대해서도 NATO와 협력할 생각이라고 밝혔다. 핵탄두 배치 수준으로는 '300~400발', '700~800발', '1,000~1,100발'의 3가지 선택지가 있었던 것으로 알려졌는데, 가장 현실적인 '1,000~1,100발'을 선택했다고 했다.

오바마 대통령이 베를린에서 이러한 핵군축안을 내놓은 같은 날, 미 국방부는 핵운용전략 보고를 발표했다.

이 보고서에서 "미국은 핵공격에서 민간인이나 민간시설을 의도적으로 표적으로 삼지 않는다"라고 명시했으며, 또한 "극한의 상황에서 미국과 동맹국의 필수적인 이익을 지키기 위해서만 핵사용을 검토한다"라는 방침을 천명했다. 장기적인 목표로는 '핵공격을 억지하기 위해서만 핵을 사용한다'는 방침을 내세웠다.

오바마 대통령은 베를린 연설에서 '핵무기 없는 세상'을 위해 "우리는 아직 해야 할 일이 남아 있다"고 말했다. 그러나 그 이후 핵군축 노력은 지지부진하기만 했다.

예를 들어 전략핵의 최대 3분의 1의 감축은 실현되지 않았다. 오바마 1기 행정부에서 백악관 핵군축·비확산 담당 조정관을 지낸 게리 세이모어는 취재에서, "오바마 대통령은 미러 양국의 전략핵탄두를 1,000발 정도로 줄이고 싶어 했지만 러시아는 이에 응하지 않았다"고 회고했다. 러시아는 미국이 추진하고 있는 미사일방어(MD) 능력이 유지되는 한, 전략핵 감축에 응할 수 없다는 입장을 견지했다. 그러나 미국은 북한의 탄도미사일 개발 등이 계속되는 상황에서 MD 능력을 제한할 수 없었던 것이다.

사거리 500km 이하의 전술핵에 대해서도 대폭적인 감축은 진행되지 않았다. 당시 미국은 유럽에 약 200발을 배치하고 있었던 것에 비해, 러시아는 약 2,000발을 보유하고 있는 것으로 추정되었다. 전략핵이 '억지력'으로 배치된 반면, 전술핵은 '사용가능한 핵'으로 자리매김하고 있다. 2014년 러시아는 우크라이나 남부 크림반도 합병을 일방적으로 선언했고, 이후 푸틴 대통령은 서방세계에 대항하기 위해 핵무기를 실전배치할 가능성이 있음을 인정했다. 러시아와 국경을 접하고 있는 동유럽 국가들이 안보상 미국의 전술핵의 존재를 중시했던 것도 크게 작용한 것으로 보인다.

앞서 언급한 울프스탈 씨에 따르면, 오바마 대통령은 임기 중 '핵무기 없는 세상' 이념에 부합하는 핵정책을 모색했고, 핵전력의 3대축 중 하나인 ICBM 450기 중 150기를 퇴역시키는 방안도 검토했지만 실현되지 않았다고 한다.

또한 오바마 대통령은 핵공격을 받지 않는 한 핵무기를 사용하지 않는다는 '선제불사용' 선언을 검토하라고 지시했지만 국무부, 국방부, 정보기관의 고위관리뿐만 아니라 동맹국들의 강한 우려를 불러일으키게 되면서 포기했다. 당시 다수의 미국 정부 고위관계자에 따르면, 미국 언론에서 2016년 선언 검토가 보도되자 미국의 '핵우산' 아래의 일본 정부 고위관계자들도 강한 우려를 표명했다고 한다.

당시 고위관리 중 한 명에 따르면, 특히 강하게 반대했던 사람은 애슈턴 카터 국방장관이었다. 그러한 선언으로 인해 러시아, 중국, 북한 등에 의한 선제공격이 쉬워지고 또한 동맹국들 사이에서 '미국이 지켜줄 것'이라는 신뢰가 훼손되어, 자국의 핵전력을 강화하거나 독자적인 핵무장으로 갈 수 있다는 점을 우려한 것이다. 존 케리 국무장관도 동맹국들의 우려를 이유로 반대의사를 표명한 것으로 알려졌다.

이 고위관리는 "일본을 포함한 동맹국들은 미국이 동맹국들과 상의 없이 선언을 결정하는 것을 우려했다. 우리는 대통령의 의중을 알기 전에 동맹국과 협의할 수 없지만, 오바마 대통령은 동맹관계를 중시하고 동맹국의 의사를 매우 존중했다"고 말했다.

당시 핵 비확산 담당 국무부 차관보였던 토머스 컨트리먼은 다음과 같이 증언했다. "오바마 대통령은 2016년 선언이 유용한지에 대해 검토하라고 지시했다. 그러나 정권 내뿐만 아니라 일본 등 동맹국들로부터 아시아와 유럽에서의 미국의 관여를 약화시킨다는 반대의견이 나오자 오바마 대통령은 결정을 보류하고 차기 행정부에 판단을 맡겼다."

오바마 행정부의 '선제불사용' 선언 포기는 EDD 등을 통해 동맹국인 일본의 의사가 미국의 핵정책에 일정한 영향력을 가지게 되었음을 보여주는 하나의 사례로 여겨진다.[23]

현직 미국 대통령의 첫 히로시마 방문

오바마 대통령은 2016년 5월 27일 미국 현직 대통령으로서는 처음으로 피폭지 히로시마를 방문했다. 평화기념자료관을 견학하고 원폭사망자 위령비에 헌화한 후 이어진 연설에서 오바마 대통령은 다음과 같이 밝혔다. "우리 나라와 같이 핵을 보유한 국가들은 공포의 논리에 얽매이지 않고 핵무기 없는 세상을 추구할 용기를 가져야 한다", "내가 살아 있는 동안 이 목표를 실현하지 못할 수도 있다. 그러나 꾸준히 노력해 비극이 일어날 가능성을 줄일 수는 있다. 우리는 핵의 근절로 이어지는 길을 제시할 수 있다." 피폭자를 껴안는 장면은 전 세계에 뉴스로 보도되었다.

오바마 대통령의 히로시마 방문에 고위관계자로 나선 울프스탈 씨는 자신이 "대통령에게 히로시마 방문을 제안한 사람 중 한 명"이라고 밝힌 뒤, "가장 큰 장애물은 일본에서 핵무기 사용에 대해 오바마 대통령에게 공식적인 사과를 요구하는 압력이 생길 수 있다는 우려였다. 그것이 미국 내 (정치)문제로 이어질 수 있다고 생각했다"고 회고했다.

미국 퓨리서치센터가 전년 2015년 실시한 조사에서, '미국의 원자폭탄 사용이 정당했다고 생각하느냐'라는 질문에 미국인의 56%가 '정당했다'고 답했다. 전후 70년이 지난 지금도 대다수가 원폭 투하를 지지하고 있는 것이다. 이는 제2차 세계대전을 종식시키고 미국인 그리고 일본인의 생명까지 구했다는 생각이 뿌리 깊게 박혀 있기 때문이다.

오바마 대통령에게 공식사과를 요구하는 사태가 벌어지면 미일관계에도 악영향을 미치기 때문에 '불청객'이 되지 않도록 세심한 주의를 기울였다고 한다. 울프스탈 씨는 "우리는 대통령의 히로시마 방문이 일본에서 호의적으로 받아들여지고 또 미국 내에서도 걸림돌이 되지 않을 것이라는 확신을 가질 필요가 있었다. 결과적으로 그러한 우려는 완전한 기우였고, 미국 내 반대의견도 그다지 눈에 띄지 않았다"고 말했다.

전년도인 2015년 8월 히로시마, 나가사키 원폭의 날 행사에 국무차관 자격으로 참석한 고트멀러 씨는 취재에서, "피폭자들과 이야기를 나누면서, 불필요한 파괴로 인해 많은 사람들이 목숨을 잃고 방사능의 영향을 받은 것이 마음에 남는다. 어린 시절에 경험한 사람도 있었다. 그들의 이야기는 매우 선명하고, 뜻깊었다"고 회고했다. 또한 "참석했던 케네디 당시 주일대사와 나는 히로시마, 나가사키 원폭의 날 행사 방문에 대한 광범위한 보고서를 오바마 대통령에게 제출했다. 그것이 오바마 대통령 자신이 히로시마 방문을 결정하는 중요한 요인이 되었다"고 밝혔다. "오바마 대통령은 히로시마 방문을 통해 핵군축이 최우선 과제라는 것을 보여주려고 했다. 일본인과 피폭자들에 대해 경의를 표했을 뿐만 아니라, 미국은 핵군축 목표를 위해 노력할 것이라는 강력한 메시지를 전 세계에 전달할 수 있었다."

오바마 대통령은 취임 첫해 프라하 연설에서 '핵무기

없는 세상'이라는 목표를 밝혔지만, 다른 한편으로 막대한 예산을 투입하여 핵무기 현대화 계획을 시작했기 때문에 핵군축은 생각만큼 진전되지 않았다. 따라서 임기 마지막에 가까운 시기 오바마 대통령의 히로시마 방문에는 자신의 목표와 이념을 국내외에 강하게 각인시키려는 의도가 포함되어 있었다.

제5장

'사용할 수 없는 핵무기'에서
'사용할 수 있는 핵무기'로 :
트럼프 행정부

미국 캘리포니아 반덴버그 공군기지에서 발사실험으로 발사된 ICBM 미니트맨3. 모의 탄두를 장착한 채 약 6,700km를 비행하고 태평양 마셜제도 부근에 떨어졌다(2020년 2월 5일, 제공: Senior Airman Clayton Wear/U.S. Air Force/Aflo).

ICBM 발사실험과 마주하다

내가 미국 핵전력 현장을 처음 취재한 것은, 트럼프 행정부 시절인 2020년 2월 5일 캘리포니아 반덴버그 공군기지에서 진행된 대륙간탄도미사일(ICBM) 발사실험 현장이었다.

당시 나는 워싱턴에서 국방부를 담당하고 있었으며, 발사실험 한 달 전 공군 관계자로부터 "ICBM 발사실험을 현지에서 취재하지 않겠느냐"는 제안을 받았다. 평소 나는 미국의 핵전략을 취재하고 기사를 쓰고 있었기 때문에, 핵전력 현장을 직접 보고 당사자에게 직접 이야기를 들을 수 있는 기회라고 생각하여 제안을 받아들였다.

이 제안을 받기 직전 나는 중동의 페르시아만에서 미 해군 등이 참여하는 '유지연합' 활동 실태를 취재하기 위해 해군 함정에 올라 동행하고 있었다. 일본 해운회사가 운영하는 유조선이 2019년 6월 호르무즈해협 부근에서 공격받은 것을 계기로 트럼프 행정부는 이듬해 7월 '유지연합' 결성을 촉구했고, 11월부터 영국, 호주 등 6개국과 함께 페르시아만 등지에서 함정과 항공기를 이용한 경계·감시활동을 시작했다.

트럼프 행정부는 그 전년도인 2018년 5월, 이란의 핵개발을 대폭 제한하는 다자간 합의에서 일방적으로 탈퇴했다. 이 핵합의는 오바마 행정부 시절 미국, 영국, 독일, 프랑스, 중국, 러시아가 이란과 맺은 것이다. 이란은 핵확산금지조약(NPT)을 지키며 합의를 준수해 왔다. 그러나 트럼프 행정부는 오바마 행정부의 성과를 '나쁜 거래'라고 비판했다. 반이란·친이스라엘 국내 보수파 지지를 얻기 위한 목적도 있었기 때문에 탈퇴를 단행한 것이다.

이후 미국과 이란의 관계는 악화되었고, '유지연합'은 '이란 포위망'의 움직임으로 인식되었다.

나는 바레인의 수도 마나마에 있는 미 해군기지로 돌아와, 환승을 포함하여 꼬박 하루 이상 미국 서부 해안의 로스앤젤레스 국제공항으로 날아갔다. 거기서 렌터카로 4시간에 걸쳐 북쪽으로 이동하여 반덴버그 공군기지로 향했다.

당일 아침 집합장소로 지정된 기지 게이트에 당도하자, 국방부 소속 군 기자들과 뉴욕타임스 기지 담당 기자 등 미국 언론사 기자 다섯 명 정도가 도착해 있었다. 외국인 기자는 나 혼자였다.

참석한 군사전문 온라인매체에 따르면, 현지 언론 이외의 기자가 ICBM 발사실험 현장에 출입한 것은 이번이

두 번째라고 한다. 외신 기자들에게 흔치 않은 기회임은 틀림없어 보였다.

우리는 실험 전 이틀 동안, 아침부터 저녁까지 광활한 기지 내부를 버스로 돌며 ICBM 발사실험 시설을 견학하고 군의 설명을 들었다. 그리고 둘째 날 늦은 밤, 추운 날씨에 야외에서 발사실험의 순간을 지켜보았다.

오전 0시 30분, 태평양에 접한 약 4만ha 규모의 반덴버그 공군기지의 어두운 상공에 불빛이 비치고 '쿵' 하는 중저음이 울려 퍼졌다. 주황색 '불덩어리'가 천천히 상공으로 올라가 달 가까이에서 작은 점으로 변해 보이지 않았다. 그 순간 또띠아칩을 들고 핫코코아와 커피를 마시며 지켜보던 미 공군, 에너지부, 군수산업 관계자와 가족 등 수십 명의 관람객들의 환호성이 터져 나왔다.

미 공군에 따르면, 이날 발사된 ICBM '미니트맨3'은 모의 탄두를 장착한 채 약 6,700km를 비행하고 30분 뒤 태평양 마셜제도 부근에 떨어졌다고 한다. 공군은 성명을 통해 "미국과 동맹국의 안보를 위해 강력한 핵억지력을 보여주었다"고 실험의 의의를 강조했다. 그리고 "미니트맨3은 노후화되어 있어 미국의 핵억지력을 신뢰할 수 있도록 현대화 계획이 필수적이다"라고 덧붙였다.

냉전 시기 미국과 구소련은 엄청난 수의 핵무기 개발 경쟁을 벌였다. '미리 적에게 그 행위가 보복을 초래하고 많은 비용을 지불하게 할 것이라는 것을 보여줌으로써 공격을 억지한다'는 핵억지 이론이 이를 정당화해 왔다. ICBM은 멀리 떨어진 적국의 군사시설이나 도시 등을 공격하여 전쟁을 할 수 없게 만드는 것을 목적으로 하는 '전략핵무기'로 분류된다.

미니트맨1은 1960년대 초에 배치되었다. 1991년 7월 미국과 소련이 제1차 전략무기감축협정(START1)에 서명하고, 같은 해 12월 소련이 붕괴하면서 미국은 미니트맨 2 폐기를 추진했다.

현재의 미니트맨3은 3단식 고정연료를 사용하며 사거리는 9,600km 이상에 달한다. 3발의 핵탄두를 탑재할 수 있지만, 1발씩만 탑재할 수 있도록 하는 단탄두화를 추진하여 오바마 행정부는 2014년 작업을 완료했다.[24] 현재 몬태나, 와이오밍, 노스다코타 각 주의 3개 공군기지를 거점으로 하는 고정식 지하 사일로에 총 400기가 실전배치되어 있다.

이날의 실험은 반덴버그 공군기지에서 1년에 몇 차례 실시되는 발사실험 중 하나였다. 몬태나주 말름스트롬 공군기지와 노스다코타주 마이노트 공군기지 부대가 지원을 하고 있었다. 핵전력을 운용하는 미군 부대의 훈련이라 나는 긴장하며 취재에 임했다. 그러나 현장은, 이 표현이 적절할지 모르겠지만, 마치 옛날 추억 속 한겨울의 불꽃놀이와 같은 분위기여서 맥이 빠졌다.

발사실험의 전체 계획

우리는 첫날 반덴버그 공군기지 내 시설 지하에 있는 '미사일발사관리센터'를 방문했다. 1장에서 몬태나주에 있는 다른 기지의 센터 훈련시설을 소개했는데 이곳은 실제 시설이었다.

미사일 발사 최종통제를 담당하는 핵심시설은 엘리베이터를 타고 지하 깊숙이 내려간 끝에 있는 캡슐 같은 밀실이었다. 실내에 들어서자 미사일러로 불리는 공군 발사 담당자 남녀가 2인 1조로 모니터를 마주보고 있었다.

말름스트롬 공군기지 ICBM부대 소속 클레어 윌드 중위는 "발사까지 초읽기 동안 스위치에 항상 손을 대고 있다. 모든 스위치를 동시에 정확하게 돌려야 한다"고 말했다.

월드 중위에 따르면, 미사일러는 6시간에 한 번씩 '생존확인'을 요구받는다. 즉시 반응하지 않으면 '사망'으로 간주되어 긴급팀이 파견된다. 오발을 방지하기 위해 인간 운영자의 지시가 없으면 미사일을 발사할 수 없다. 작전에 사용되는 것은 그리니치표준시다. 미국 본토는 동서로 3시간의 시차가 있기 때문에 표준시를 사용하고 있다. "몇 시에 작전이 수행되는지 오해를 불러일으키지 않기 위해서다"라고 말했다.

월드 중위는 "아무 일도 일어나지 않으면 책을 읽거나 다른 생각을 하려고 한다. 마음을 달래기 위해서다. 그러다가 집중해서 대응해야 할 일이 생기면 필요한 절차를 확인한다. 항상 둘이 한 조가 된다. 절대 혼자서 판단하면 안 된다는 규정이 있다. 2인 1조로 잘 상의해서 안전하고 정확하게 하는 것이 최우선이다"라고 강조했다.

경계태세가 발령되면, 미사일러는 튼튼한 안전벨트를 의무적으로 착용해야 한다. "이 지하실은 적의 공격을 받아도 살아남을 수 있도록 만들어져 있다. 캡슐 사방에 있는 실린더가 충격을 흡수한다. 화학무기 공격을 받으면 비상시스템이 작동하여 캡슐이 밀폐되고 자동으로 공기가 유입되는 구조로 되어 있다"고 설명했다.

월드 중위와 짝을 이룬 미첼 네안 중위에게 발사스위치를 돌릴 때의 기분을 묻자 "실제로 미사일을 발사하는 것은 엄청난 일이다. 물론 일상에서 그러한 일을 하고 싶지는 않다. 그러나 해야 할 때는 한다"고 답했다.

우리는 ICBM을 운반하고 발사를 준비하는 부대의 기지도 방문했다. 케일럽 맥켈로이 이병은 "미사일을 거대한 트럭으로 운반하여 탄두를 탑재하고 레고처럼 조립해 지하 발사시설에 설치한다. 이러한 종류의 발사실험은 연 단위의 준비가 필요하다. 발사 90일 전에는 미사일을 조달해두는 것이 일반적이다. 대규모 계획과 운영이 필요하다"고 말했다.

발사실험의 전체 상황을 관리하는 운영센터에 들어서자 어두운 방에 모니터 화면이 즐비했다. 발사 전 가장 주의가 필요한 것은 기상조건이라고 한다. 풍향이나 풍속의 급속한 변화, 천둥 번개의 발생가능성 등이다. "두꺼운 구름은 천둥 번개를 일으켜 미사일에 위험을 초래할 수 있기 때문에 기상관측용 항공기를 띄우기도 한다"고 기상전문가는 말했다.

군은 항공 및 해운업계 관계당국에도 발사실험에 대해

사전 통보하여 안전 확보에 만전을 기하고 있다. 그러나 제한구역 내 어선이 있어 발사가 지연되는 사태도 있었다고 한다.

또한 발사실험은 국무부를 통해 양국 간 합의가 있는 러시아를 포함하여 각국에 사전 통보된다. 따라서 실험은 러시아의 조기경보 레이더에 포착되어도 핵공격으로 오인되지 않을 것이라고 한다.[25]

발사실험의 언론공개 목적

이날 발사실험은 미국 본토에 실전배치된 400여 기의 ICBM 중 무작위로 선택하여 미사일 성능을 시험하는 통상적인 발사실험과 달리, 예비 미사일을 발사해 신형 기폭장치를 테스트하기 위한 목적에서 이루어졌다. 기폭장치는 ICBM에 탑재되는 W87 핵탄두를 폭발시키기 위한 것이다. 신형 기폭장치는 20억 달러 이상으로 추정되는 예산으로 2024년 운용이 가능하며, 총 400기의 미사일 개량이 예정되어 있다.

기폭장치 시험관은 "기존의 기폭장치는 내구연한의 3

배가 넘는 기간 동안 계속 사용되고 있다"고 설명했다. 이 기폭장치는 국방부가 핵무기 현대화 계획으로 개발을 추진하고 있는 '지상배치전략억지'(Ground Based Strategic Deterrent, GBSD)로 불리는 신형 ICBM에도 사용될 예정이다.

미사일에서는 지상기지에 궤도 등을 알려주는 텔레메트리 신호가 발신되며 GPS도 탑재되어 있다. 이를 통해 발사된 미사일의 궤도 등이 포착된다.

발사실험을 담당하는 부대 지휘관인 오마르 콜버트 대령은 "발사실험은 ICBM 무기체계의 현대화와 유지를 위해 중요한 데이터를 제공한다"고 설명하고, 이어 다음과 같이 강조했다.

"몇몇 부품은 너무 낡아 교체가 어려워지고 있다. 미니트맨3 자체가 내구연한을 넘어섰기 때문에 우리는 새로운 무기시스템(GBSD)을 고대하고 있다. (미국이 자국에 접근하는 것을 저지하는) 중국의 A2/AD(Anti-Access/Area Denial 반접근/지역거부) 전략에 대응하기 위해서는 1970년대 ICBM 기술에 계속 의존할 수 없다."

나는 "이번 발사실험이 중국, 북한 등에 주는 메시지가 무엇이냐"고 물었다. 콜버트 대령은 "미국의 핵무기는 여기에 존재하며, 노후화되긴 했지만 여전히 계획대로 작동하고 있다는 것이다. 미국은 (필요하다면 핵무기를 사용할) 의지가 있고, 훈련을 거듭하며 전문적으로 운용할 수 있는 군대를 갖추고 있다. 그것이 적대국이나 우방국에 대한 '억지력'의 메시지다"라고 강조했다.

이어 "그렇다면 미국 내 시민들에게 주는 메시지는 무엇이냐"라는 질문에 대령은 다음과 같이 대답했다. "이것은 핵무기다. 미군이 국내외 미국의 이익을 지키기 위해 얼마나 전문적인 인력을 신중하게 선발하고 훈련하는지, 또 무기를 안전하고 신뢰할 수 있도록 유지하고 있는지 보여주고 싶다. 다른 무기는 (인공지능 등으로) 자동화할 수 있지만, 핵무기는 절대 사람 손에 의해 운영되어야 한다. 정확한 타이밍에, 정확한 명령에 따라, 정확한 행동을 취하는 것이다."

ICBM과 전략폭격기 부대를 총괄 지휘하는 공군 글로벌공격군단 앤서니 코튼 부사령관에게도 "미국이 러시아, 중국과 강대국 간 경쟁을 벌이고 있는 상황에서 이번 발사실험은 어떠한 의미를 가지느냐"고 물었다. 코튼 부사령관은 내가 일본 언론사 기자라는 것을 알고, "대답은 아주 간단하다. 미국은 일본에 '핵우산'을 제공하고 있다. 미국의 동맹국을 지키는 전략(핵) 우산이다"라고 대답했다.

발사실험의 분석관이었던 제리 로저스 씨는 ICBM 성능에 대한 질의에서, "지금까지 역사에서 실제로 핵무기가 실전에서 투하된 것은 히로시마와 나가사키뿐이다. 지금 우리가 다루고 있는 무기는 히로시마, 나가사키의 몇 배의 위력을 가지고 있다"고 말했다. 로저스 씨의 이 말이 내 귀에서 떠나지 않았다.

실제로 미니트맨3에 탑재되는 W87 핵탄두의 위력은 300kt이며, 히로시마에 투하된 원폭 16kt에 비해 약 20배에 달하는 위력을 가지고 있다. 그렇다고 그 위력을 히로시마나 나가사키에 투하된 원폭과 비교하며 '억지력'을 강조한 것에는 위화감을 느꼈다. 군 지휘관이 "핵무기는 항상 사람의 손에 의해 운용되고 정확한 명령에 따라 정확하게 행동한다"고 강조한 것에 대해서도, 나는 실수가 발생할 가능성을 전혀 부인할 수는 없다고 생각했다.

앞서 언급했듯이 ICBM은 전략폭격기, 잠수함발사탄도미사일(SLBM)과 함께 미국 핵전력의 3대축으로 불린다. 미국과 구소련은 냉전 시기부터 막대한 예산을 들여 상내가 선제공격해 오면 확실하게 반격할 수 있는 ICBM

개발 경쟁을 계속하며 '핵억지'를 유지해 왔다. 그러나 미국의 ICBM은 사일로 발사식으로 장소가 고정되기 때문에 적에게 위치가 발각되기 쉽고 또 일단 발사되면 되돌릴 수 없다. 선제공격하면 보복공격으로 심각한 피해를 입는다.

이 때문에 최근에는 이동이 쉽고 탐지가 어려운 SLBM을 중시하는 경향이 강하다. '핵억지력'을 목적으로 하는 ICBM은 '사용할 수 없는 무기'의 상징으로도 여겨진다. 미국 싱크탱크 '군비관리협회'의 대릴 킴볼 회장은 ICBM에 대해, 미국과 구소련이 냉전기 군비경쟁을 벌였던 '파멸적 핵억지력'이라고 표현한다. 킴볼 회장은 "선제공격을 받으면 엄청난 피해가 발생하기 때문에, 양측 모두 즉각적인 반격태세를 취해 왔지만, 실전에 사용하는 것은 자살행위에 가깝다"고 말한다. '전미과학자연맹'의 한스 크리스틴슨 핵문제 전문가에게도 이날 발사실험의 의미를 물었다. 그는 군사적으로 "표적을 보다 효과적으로 공격할 수 있는 탄두의 능력 향상을 위해 새로운 기폭장치를 시험하려는 의도다"라고 지적했다.

그렇다면 극히 이례적인 이번 발사실험의 언론공개의 목적은 무엇일까. 크리스틴슨 씨는 ①미국 시민이나 일본 등의 관련국에 '핵억지력'을 보여주고, ②러시아, 중국, 북한 등 적대국에 메시지를 보내고, ③미국 연방의회에 ICBM이 중요한 무기라는 것을 보여주기 위한 의도라고 분석했다.

③에 대해서는 '450개의 ICBM 발사시설이나 400기의 ICBM 실전배치, 그리고 3곳의 ICBM기지가 정말 필요한가', '막대한 예산이 소요되는 신형 ICBM(GBSD)이 필요한가', '기존 ICBM의 수명을 연장하여 사용할 수 없는가' 등의 논의가 의회 내에서도 있는 만큼 "ICBM의 중요성을 이해시킬 필요가 있다"고 언론공개의 취지를 설명했다.

이번 발사실험이 이루어진 바로 그 시점에 트럼프 행정부의 핵전략상 중요한 움직임이 있었다. 발사실험 직전인 2020년 2월 4일, 미 국방부는 폭발력을 억제한 저위력 핵탄두를 탑재한 SLBM을 처음으로 실전배치했다고 발표했다. 그동안 미국은 미국이 보유한 대부분의 핵무기가 실제로 사용하기에 너무 강력하여 미국이 저위력 핵으로 반격할 수 있는 선택지가 적다는 점을 이유로, 적이 저위력 핵으로 공격해 왔을 때 반격할 수 있는 SLBM용 저위력 핵탄두 개발을 추진하고 있었다. 후술하겠지만, 여기에는 핵을 수반하지 않는 공격에 대한 반격도 포함될 가능성이 존재한다.

크리스틴슨 씨는 "해군과 공군은 경쟁관계에 있다. 그러한 가운데 해군이 보유하고 있고, 또 많은 사람들이 지지하고 있는 SLBM에 새로운 저위력 핵의 실전배치가 발표되었다. 공군은 뒤처졌다고 느낄 수도 있다"고 말했다. "하지만 그렇다고 해도 군 내부나 국방부는 ICBM에 대해서도 강력하게 지지하고 있고 연방의회도 대부분 그렇다. 그래서 나는 ICBM부대에 중대한 변화가 일어날 것이라고 생각하지 않는다. ICBM의 현대화 계획이 어떻게 될지, 얼마나 많은 비용이 들지 전모가 밝혀지면 흥미로운 논의가 될 것이다"라는 견해를 밝혔다.

'핵무기 없는 세상' 정책의 전환

이제 트럼프 행정부의 핵정책에 대해 당시 정부 고위 관계자들의 증언과 함께 되짚어보고자 한다.

2017년 1월에 취임한 트럼프 대통령은 "다른 나라가 핵을 가진다면 우리는 세계 최강이 될 것이다"라고 밝히며 핵전력 증강에 대한 의욕을 보였다. 2017년 12월에 발표한 '국가안보전략'에서는 오바마 전 행정부가 '가치관'이라고 제목을 붙인 장을 '힘에 의한 평화 유지'로 바꾸었고, '세계질서'라는 제목의 장은 '미국의 영향력 강화'로 바꾸었다. 오바마 전 행정부가 내건 '핵무기 없는 세상'이라는 목표가 사라지고, 핵무기를 '평화와 안정을 지키기 위한 전략의 기초'로 규정하며 현대화를 내세웠다.[26]

트럼프 행정부는 2018년 2월 중기적 핵정책 지침인 '핵태세 검토보고서'(NPR)를 발표했다. 핵무기 사용조건을 완화하여 '유연성'을 가지게 한 점이 특징이다. 비핵공격에 대한 보복에는 핵무기를 사용할 수 있으며, 미국과 동맹국의 중대한 이익을 보호하기 위해 '극한 상황'에 한해서만 검토한다는 표현은 오바마 전 행정부와 동일했다. 그러나 "극한 상황이란 핵무기를 사용하지 않는 중대한 전략적 공격을 포함할 가능성이 있다"고 강조했으며, 재래식 무기에 의한 미국 및 동맹국의 시민과 인프라에 대한 공격 등을 그 예로 들었다. 또한 "미국의 핵무기는 동맹국을 재래식 무기나 핵위협으로부터 보호할 뿐만 아니라, (동맹국이) 핵무기를 개발할 필요성을 없애기 때문에 국제안전보장을 촉진한다"고 명시했다.

NPR은 '사용하기 쉬운' 저위력 핵탄두의 개발도 표명했다. 그 배경으로 러시아가 사거리가 짧은 비전략핵(전술핵)을 최대 2,000발 보유하고 있으며, 중거리핵전력(INF) 전면폐기조약에 위배되는 신형 순항미사일도 가지고 있다는 점을 지적했다. 러시아의 '저위력을 포함한 제한적 핵사용' 가능성에 대해 강조한 것이다. 따라서 미국은 "억지 옵션의 유연성과 폭을 넓힌다"는 방침 아래, "저위력을 포함한 유연한 핵옵션을 확대하는 것이 지역적 침략에 대한 신뢰할 수 있는 억지력 유지를 위해 중요하다"는 점을 내세웠다. 단기적으로는 SLBM에 탑재하는 기존 핵탄두 중 '소수'를 저위력 핵탄두로 개조할 것이라고 밝혔다.

NPR은 장기적인 과제로서 해상발사순항미사일(SLCM) 개발에 대해서도 언급했다. 오바마 행정부가 2010년 NPR에서 핵탄두 탑재형 순항미사일 토마호크(TLAM-N)의 퇴역을 발표한 것을 겨냥해 "SLCM은 특히 아시아에서 동맹국에 대한 억지와 안보에 기여해 왔다"고 비판하고, 트럼프 행정부는 이러한 능력을 되살리기 위한 노력을 곧 시작할 것이라고 강조했다.

NPR에는 아시아 지역 핵전력에 대한 다음과 같은 기

술도 포함되었다.

　"냉전 이후 미국은 아시아에 배치한 모든 핵무기를 철수했다. 그 대신 TLAM-N으로 보완된 전략핵 능력에 의존하여 동맹국에 대한 핵억지력을 확대해 왔다. 2010년 NPR에 따라 TLAM-N을 퇴역시킴으로써, 미국은 현재 아시아 지역 동맹국들에 대한 핵억지력을 대부분 전략핵 능력에만 의존하고 있다. 따라서 아시아태평양 지역에서의 협의와 협력은 (미국이 독일 등 5개국에 전술핵을 배치하여 공동 운용하는 '핵공유' 체제가 있는) 유럽과는 다르다."

　일본 정부는 NPR에 대해 "높이 평가한다"는 고노 다로 외무상 담화를 발표했다. "미국에 의한 억지력 실효성 확보와 우리 나라를 포함한 동맹국에 대한 확장억지 공약이 명확해졌다"고 환영했다.

중거리핵전력조약(INF)의 탈퇴

　트럼프 행정부는 2018년 10월, 핵탄두 등을 탑재한 사거리 500~5,550km의 지상발사형 미사일을 금지한 미러 간 중거리핵전력조약(INF) 탈퇴를 선언했다. 러시아의 조약 위반을 탈퇴 이유로 내세워 이듬해인 2019년 2월 탈퇴를 통보했고, 조약이 규정한 6개월이 지난 8월에 효력이 상실되었다. 이 조약은 냉전 시기인 1988년에 발효되어 양국의 군축 대화의 기초가 되었지만, 효력 상실로 인해 중국을 포함하여 새로운 군비경쟁으로 발전할 우려가 커졌다.

미국이 러시아의 신형 순항미사일 사거리가 500km를 넘는다고 지적하며 러시아의 조약 위반을 문제 삼은 것은 오바마 행정부 시절인 2014년 7월이었지만, '탈퇴'의 목소리는 트럼프 행정부 들어 급부상했다. 오바마 전 행정부에서 국무부 차관보를 지낸 프랭크 로즈 씨는 "(오바마 행정부는) 러시아에 (조약 준수를) 요구했지만 탈퇴 논의는 하지 않았다"고 증언했다.

트럼프 행정부에서 2018년까지 국방부 부차관보를 지낸 엘브리지 콜비 씨는 "러시아의 조약 위반은 표면적인 탈퇴 이유다. 진짜 목표는 중국이다"라고 단언했다. 조약에 얽매이지 않는 중국은 1990년대부터 미사일 개발에 박차를 가해 왔다. '항공모함 킬러'나 '괌 킬러'로 불리는 최첨단 중거리탄도미사일 개발을 추진하면서 조약이 금지하는 사거리에 근접한 미사일을 다수 보유하고 있는 것으로 추정된다.

전 태평양군사령관 특별보좌관 에릭 세이어스 씨는 "미국이 테러와의 전쟁에 집중하는 동안 중국은 재래식 미사일의 질과 양 모든 면에서 미국을 앞질렀다"고 지적했다. 즉 중국의 중거리미사일이 미국령 괌, 오키나와 등 주일미군 기지를 사정권에 두고 있으며, 유사시 미군이 중국 주변으로 접근하는 것을 저지하는 전략의 핵심이라는 분석이다.

중국과의 '강대국 간 경쟁'에 집착하는 트럼프 대통령에게 조약은 걸림돌에 불과했기 때문에 러시아와의 협상도 탈퇴가 당연시되고 있었다. 당시 폼페이오 국무장관은 성명을 통해 "트럼프 대통령은 과거 양자 간 조약을 넘어서는 새로운 시대의 군축을 요구하고 있다"고 밝히고, 러시아뿐만 아니라 중국도 새로운 군축체제에 동참할 것을 촉구했다.

당시 국무부차관(군비관리·국제안전보장 담당)이었던 안드레아 톰슨 씨를 퇴임 후인 2020년 겨울 워싱턴에서 만났다. 톰슨 씨는 취재에서 다음과 같이 회고했다.

"군비통제조약은 양측이 지켜야만 성립된다. 그러나 러시아의 신형 순항미사일 9M729 보유는 INF를 위반한 것이다. 미국의 안보뿐만 아니라 동맹국들에게도 해롭다. 트럼프 대통령은 (탈퇴를) 결정한 이후, 유럽과 인도태평양 지역 동맹국들에게 조약 위반에 대해 계속 설명했다. INF조약은 역사적으로 기능하지 못했고, 유사한 결함이 (트럼프 행정부가 탈퇴한) 이란 핵합의에도 있었다. 트럼프 대통령이 '보다 나은 거래가 필요하다'고 말한 것은 그 때문이다."

INF조약의 효력 상실로 인해, 미러 간 핵군비통제조약은 핵탄두나 ICBM 등의 숫자를 제한하는 신전략무기감축조약(신START)만 남게 되었다. 오바마 행정부 당시 발효된 신START의 유효기간은 2021년 2월이었다. 러시아는 5년 단순 연장을 원했지만, 트럼프 행정부는 볼턴 백악관 보좌관이 2019년 여름 "연장 가능성은 낮다"고 말하는 등 연장을 둘러싼 이견이 계속되고 있었다.

톰슨 씨는 다음과 같이 밝혔다.

"미국은 러시아가 현대화를 추진하고 있는 (사거리가 짧은) 전술핵이나 신형 운반시스템이 조약의 대상에 포함된다면 연장해도 좋다는 생각이다. 러시아의 (신형 ICBM) 사르마트와 (극초음속미사일) 아방가르드는 신START 대상에 포함되지만, 새로운 시스템은 대상에서 제외되기 때문이다. 또한 중국도 책임과 투명성을 갖춘 강대국으로 행동하길 원한다면 미러 체제에 참여하도록 협의를 거듭했음에도 불구하고, 전력이 열세인 중국은 '왜 우리에게 (핵탄두 수 등의) 상한선을 부과하느냐'며 논의에 관심을 보이지 않는다."

'세계 최강의 핵전력'

2020년 2월 트럼프 대통령은 2021회계연도(2020년 10월 ~2021년 9월) 예산교서를 발표하면서, 국방예산에서 핵무기 관련 예산을 증액한다고 밝혔다. 트럼프 대통령은 "중국과 러시아도 증액하고 있어 다른 선택지가 없다. 중국, 러시아와 핵군축에 합의할 때까지 내가 할 수 있는 것은 세계 최강의 핵전력을 만드는 것이다"라고 강조했다.

트럼프 행정부가 핵전력 증강을 목표로 하는 이유에 대해 톰슨 씨에게 물었다. 그는 "역대 미국 대통령들 모두 세계 최강의 핵개발을 목표로 했다. 핵전력의 수를 늘리는 것이 아니라 노후화된 무기의 현대화를 꾀하고 있다. 그것이 즉각적인 대응력이다"라고 답했다. 이어 "히

"역대 미국 대통령들 모두 세계 최강의 핵개발을 목표로 했다. 핵전력의 수를 늘리는 것이 아닌 노후화된 무기의 현대화를 꾀하고 있다. 그것이 즉각적인 대응력이다"라고 말하는 안드레아 톰슨 전 국무부차관(워싱턴 근교에서 필자 촬영)

로시마, 나가사키 원폭 75주년을 맞이하게 되었는데, 군축에 있어 미국의 역할은 무엇이냐"는 질문에는 "미국은 세계의 리더다. 핵군비통제조약을 위반하는 국가에 책임을 묻는 것은 중요한 역할이다"라고 강조했다.

2020년 봄, 신종 코로나 바이러스 감염 확산이 시작되면서 신START에도 영향을 미치고 있었다. 톰슨 씨는 다시 이루어진 취재에서 "조약에 규정된 미러 간 데이터 교환은 여전히 이루어지고 있지만 상호 현지사찰은 연기되었다"고 밝혔다. 미국과 러시아 간 유일하게 남겨진 핵군비통제조약까지 효력이 상실되는 최악의 시나리오가 현실화되기 시작했다.

트럼프 대통령은 일찍이 신START를 '나쁜 거래'라고 비판했다. 트럼프 행정부는 이란과의 핵합의와 미러 간

INF조약에서도 탈퇴하고 핵전력 증강을 계속 추진했다. 트럼프 행정부의 또 다른 전직 고위관리도 2020년 2월 취재에서 "대통령은 나쁜 거래에 얽매이지 않는다. 미국에 이익이 되지 않는다고 생각하면 연장하지 않는 판단을 서슴지 않을 것이다"라고 밝혔다.

한편 같은 시기 미국 내에서는 협정 만료를 피하기 위해 연장해야 한다는 목소리도 나오고 있었다. 2020년 4월 말 군비통제협회가 개최한 온라인회의에서 조약협상에 참여했던 마이클 멀린 전 미군통합참모본부 의장은 "조약에 대해 재협상하거나 새로운 조약을 협상할 시간이 없다"고 지적했다. 로즈 고트멀러 전 국무부차관도 "5년을 연장하면 모든 쟁점을 논의할 시간을 확보할 수 있고, 신종 코로나를 극복하는 데 집중할 수 있다"고 말했다.

군비통제협회 대릴 킴볼 회장도 다음과 같이 강한 우려를 표명했다. "트럼프 대통령은 미국이 세계에서 가장 강력한 핵전력을 가질 필요가 있고, 그래야만 보다 나은 핵군비통제협상이 진행될 것이라고 생각하는 것 같다. 그러나 미국이 이란과의 핵합의 탈퇴 이후 오히려 이란의 핵개발을 포함한 핵확산 위기가 초래되었다. 트럼프 대통령이 말하는 '보다 나은 합의'는 환상이다. 신START

는 미러 간 전략핵이라는 가장 위험한 핵전력을 제한하고 있다. 신START가 만료되면 끝없는 군비경쟁으로 이어질 수 있다."

또한 트럼프 행정부가 핵무기 현대화를 포함한 관련 예산을 증액한 것에 대해 킴볼 회장은 "트럼프 대통령과 그가 지명한 고위관리들은 핵전력을 개량할 뿐만 아니라 확대하려고 한다. 저위력 핵과 SLCM이 그 예이다. 에스퍼 당시 국방장관 등 군수산업 출신자가 국방부에 다수 포진되어 있어 군수산업의 압력을 받기 쉬운 상황이기도 하다"라고 지적했다.

신전략무기감축협정(신START)의 존속이 위기에 처하다

"신전략무기감축협정(신START)는 현재의 핵무기문제에 대응하지 못할 뿐만 아니라 미래에도 잘못된 체제이다. 러시아가 단·중거리 핵전력을 증강하고 중국도 핵무기를 늘리고 있는데도 불구하고, 그러한 러시아와 중국의 움직임이 조약에 의해 규제되지 않고 있다." 트럼프 행정부에서 핵군축협상을 이끌었던 마셜 빌링슬리 당시 백악관 특사가 2020년 8월 취재에서 밝힌 이야기다.

그는 "러시아의 단·중거리 미사일이 미국 본토에는 도달하지 않지만 유럽 안보에는 우려할 만한 사안이고 중국과 아시아 동맹국들에도 관심사일 것이다. 러시아의 모든 핵탄두를 조약대상으로 삼아야 한다"고 주장했으며, 또한 합의가 이루어지지 않을 경우 조약의 효력 상실도 '있을 수 있다'는 인식을 표명했다.

신START는 오바마 행정부가 체결했고 그로부터 3개월 후에 있을 대선에서 트럼프 대통령과 경쟁하고 있던 민주당 바이든 전 부통령은 본인이 취임하면 신START를 연장한다고 공언했다. 이에 대해 빌링슬리 특사의 견해를 물었다. 그는 "협상에 전혀 영향을 주지 않는다"고 답했으며 또한 "10년 전 '오바마-바이든 조약'으로 여겨졌던 신START는 현재의 위협에 적합하지 않다. 중국은 향후 몇 년 안에 1,000발의 핵탄두 배치를 검토하고 있다"고 강조했다.

빌링슬리 특사가 신START를 대체할 새로운 핵군축체제의 필요성을 강조한 배경에는 중국의 미사일 전력증강에 대한 강한 위기감이 있었다. 지상배치형 중거리미사일 보유를 미국과 러시아에 금지해 온 INF조약이 2019년

8월 만료된 이후, 미국은 중거리미사일 개발을 가속화하고 핵을 탑재하지 않은 형태로 아시아에 배치하는 방안을 모색하고 있다.

아시아 중거리미사일 배치계획에 대해 빌링슬리 특사는 "중국의 군비증강이 아시아 지역을 완전히 불안정하게 만들지 않도록 일본 정부와도 긴밀히 협력해 갈 것이다"라고 말했다. 중국이 순항미사일, 탄도미사일 등의 개발·배치를 가속화하고 있는 점을 우려하며 일본 등 동맹국과 협력하여 대응하는 것이 중요하다는 점을 강조한 것이다. 그는 음속의 5배 이상으로 비행하는 극초음속활공미사일에 대해서도 언급했으며, "위협이 되는 무기를 중국공산당이 사용할 수 없도록 할 것이다"라고 단언했다.

또한 빌링슬리 특사는 미국의 "지상배치형 순항미사일 등의 개발이 빠르게 진행되고 있다"는 점을 강조하고, 향후 몇 년 내 아시아에 주둔하는 미군에 중거리미사일이 배치될 것이라고 전망했다. 일본에 배치될 가능성에 대해서는 "일본 정부와 논의할 용의가 있다"고 언급하여 일본이 후보지 중 하나임을 시사했다.

빌링슬리 특사는 이 취재 다음 달인 2020년 9월 말, 일본을 포함한 아시아 순방길에 오르기 직전 다시 취재에

응해주었다. 그는 일본 방문에 대해 "중국의 급속한 군비확장, 특히 핵 야망에 대해 동맹국들이 어떻게 협력하여 대처할 것인지 논의하는 것이 목적이다"라고 밝혔다.

"중국의 군비증강과 위협에 대해 이해하고 공감하는 것이 중요하다. 중국은 단·중거리 탄도미사일과 순항미사일, ICBM 등을 포함한 매우 많은 미사일을 증강하고 있다. 이에 대한 정보를 공유할 생각이다. 중국은 2019년에만 225차례 탄도미사일 발사실험을 실시하여 다른 나라들의 합계를 넘어섰다."

빌링슬리 특사는 다음과 같은 속내도 드러냈다. "중국은 오랜 세월 소수의 핵무기로 최소한의 억지력을 유지해 왔다. 그러나 이제 중국은 핵전력을 급속히 확대하여 군비경쟁에 가세하려고 한다. 미국과 러시아가 핵전력을 대폭 줄여 온 군비통제 합의를 파괴하려 하고 있다. 우리는 중국이 미국이나 러시아와 비슷한 수의 탄두를 가진 핵강국이 되는 것을 용납할 수 없다." 트럼프 대통령의 발언처럼 '세계 최강의 핵전력'을 가진 미국의 위상을 뒤흔드는 사태가 있어서는 안 된다는 결의의 표명으로 들렸다.

또한 빌링슬리 특사는 신START 후속체제를 둘러싼 협

"우리는 중국이 미국이나 러시아와 비슷한 수의 탄두를 가진 핵강국이 되는 것을 용납할 수 없다"고 말하는 마셜 빌링슬리 전 백악관 특사(미 국무부 홈페이지)

상 상황에 대해서도 일본 등 동맹국에 설명하고, "러시아가 (미국이 제시하는 체제에) 합의하고 중국도 협상에 참여하도록 일본을 포함한 모든 국가가 촉구해야 한다"고 강조했다. 미국과 러시아, 그리고 중국 사이에 새로운 핵군축 체제를 만든다고 하면 듣기에는 좋다. 그러나 핵전력이 미국과 러시아에 비해 뒤지는 중국은 거부했고, 러시아도 전체 핵탄두 수 제한에 응하지 않았다. 이 때문에 조약 연장을 포함한 러시아와의 협상이 난항을 겪으며 신 START 존속이 위기에 처해 있다.

미국 대통령 선거 직전인 2008년 10월, 미러 간 협상에 움직임이 있었다. 미국이 조약의 1년 연장을 대가로 미러 양국이 보유한 핵탄두 수를 증강하지 않고 '동결'할 것을 제시했으며, 그동안 '무조건 5년 연장'을 주장해 온 러시아가 이를 받아들이기로 한 것이다. 여기에 더해 미국 무부는 "미국은 검증가능한 합의를 도출하기 위해 즉시 회담할 용의가 있다"고 밝히고 협상을 더욱 구체화하기 위해 노력했다.

그러나 트럼프 행정부하에서 그 이상의 협상은 진행되지 않았고 연장 합의에도 이르지 못했다. 11월 대통령 선거에서 트럼프는 패배하고 바이든이 승리했다. 빌링슬리 특사는 정권 임기가 일주일 정도 남은 2021년 1월 중순 취재에서, 미국은 러시아에 ①핵탄두 동결을 효과적으로 검증할 수 있는 조치, ②동결할 핵탄두의 정의와 상한선 결정 등을 요구했다고 밝히며, "대통령 선거 전후로 4차례나 '역사적 합의'를 도출하기 위한 협의를 요구했으나 러시아 측이 모두 거절했다"고 말했다. 이에 대해 러시아 안토노프 주미대사는 2021년 12월 중순 온라인회의에서 "러시아가 미국이 요구한 1년 연장과 핵탄두 수 동결을 받아들였으나 미국의 협상가들에게는 충분하지 않았다. 미국은 핵탄두 수 동결에 대해 지나치게 엄격한 검증을 고집했다"고 토로하며, 러시아가 양보했음에도 불구하고 미국이 추가적인 요구를 거듭하면서 협상이 난항을 겪었다는 입장을 취했다.

빌링슬리 특사는 러시아와의 협상을 회고하며 "새로운 (핵군축) 합의가 현재와 같이 미러 양국이 아닌, 다자간이어야 한다는 점에서는 러시아와 일치했다. 그러나 '다자간'이라고 할 때 우리는 중국에 한정하는 반면, 러시아 측은 보다 폭넓게 프랑스와 영국도 포함시켜야 한다고 주장했다"고 밝혔다.

바이든 행정부에 '주문'하다

트럼프 행정부의 핵정책을 재검토할 가능성이 높아 보였던 바이든 차기 행정부에 대해 빌링슬리 특사는 다음과 같은 '주문'을 내어놓았다.

■ 러시아가 (핵탄두 수의) 진정한 동결에 합의한 후, 신 START 연장 준비에 들어가야 한다.

■ 핵전력의 법적 제한(핵군축)에 동의하는 것과 핵무기 현대화를 통해 유례없는 핵억지력을 유지하는 것은 분명히 연관되어 있다. 현대화 계획의 규모를 축소하려는 어떠한 움직임도 상원의원들의 핵군축 지지를

훼손할 것이다.

■ 미국이나 동맹국에 대한 핵공격에 대해서만 핵무기를 사용하는 '유일한 목적'이나 '선제불사용' 선언은 역대 정권들의 방침의 결정적인 결별을 의미하는 것이다. 현재의 안보환경에 전혀 적합하지 않고 현명하지 못하다.

■ (1985년) 레이건 대통령과 소련의 고르바초프 서기장이 '핵전쟁에 승자는 없으며 결코 싸워서는 안 된다'는 성명을 푸틴과의 사이에서 다시 내놓아서는 안 된다. 러시아는 '핵전쟁에서 이길 수 있다'고 생각해 연습이나 훈련을 일상적으로 실시하고 있으며, 그들의 핵독트린은 선제공격을 상정하고 있다.

바이든 행정부는 이 중 몇 가지는 실행하고 몇 가지는 보류했다. 핵무기를 보유한 미국, 영국, 프랑스, 중국, 러시아 5개국은 2022년 1월 '핵전쟁에 승자는 없으며 결코 싸워서는 안 된다'는 공동성명을 발표했다. 그다음 달 러시아는 우크라이나를 침공했고, 푸틴 대통령은 '핵협박'을 가했다. 다음 장에서는 바이든 행정부의 핵정책을 소개하고자 한다.

제 6 장

불투명한 핵정책의 행방 :
바이든 행정부

2021년 1월 26일 첫 전화 협의에서, 2월 5일 만료 직전의 신전략 무기감축협정(신START) 5년 연장에 합의한 후, 제네바에서 첫 정상회담을 가진 미러 정상(2021년 6월 16일)

직면한 두 가지 과제

핵정책을 둘러싸고 미국은 상충되는 두 가지 과제에 직면해 있다. 핵무기를 감축하는 '핵군축'과 최신형으로 개량하는 '현대화'라는 과제다. 이는 2021년 1월에 출범한 바이든 행정부도 마찬가지다.

미군은 필수적으로 현대화를 추진해야 한다는 입장이다. 미 핵전력의 3대축 중 잠수함발사탄도미사일(SLBM)의 강점이 '생존성'이라면, 전략폭격기는 출격 후에도 다시 불러들일 수 있는 '유연성', 대륙간탄도미사일(ICBM)은 선제공격에 대비하는 '즉시성'을 갖추고 있다고 군은 주장한다. "3대축이 모두 갖추어져야만 더 강해진다"는 점을 강조하면서, 이를 모두 유지하고 신형 무기로 개량하는 현대화를 요구해 왔다.

나는 2022년 3월 루이지애나주 박스데일 공군기지 사령관실에서 ICBM, 전략폭격기 부대를 총괄 지휘하는 글로벌공격군단 팀 레이 사령관(공군대장)을 만났다. 사령관은 다음과 같이 말문을 열었다.

"미국의 핵전력이 일본에게 어떠한 의미라고 생각하나. 우리는 아시아에서 중국과 북한을 주시하지 않으면 안 된다. 동맹국들은 ICBM이나 전략폭격기를 보유하고

루이지애나주 박스데일 공군기지 취재에서 "군축과 핵무기 현대화 모두 중요하다"고 말하는 미 공군 글로벌공격군단 팀 레이 사령관(2021년 3월 5일, 미 공군 제이콥 라이츠먼 촬영)

있지 않다. 이는 미국뿐만 아니라 동맹국을 위해서도 필요한 무기다. 동맹국들은 핵전력을 중시하는 러시아, 중국과 경쟁하고 있다는 것을 분명히 인식하고 있어야 한다. 러시아와 중국에게 있어 핵무기가 어떠한 의미인지 이해하지 못하면 큰 실수를 범하게 될 것이다. 중요한 것은 우리가 동맹국, 우방국이 할 수 없는 일을 하고 있다는 것이다."

레이 사령관은 계속 말을 이어나갔다.

"군축과 핵무기 현대화 모두 중요하다. (군축) 조약이 있어도 핵무기에 결함이 있으면 작동하지 않는다. 좋은 무기가 있어도 조약이 없으면 원하는 만큼의 안정성을 얻을 수 없다. 둘 다 있어야 더 많은 안전을 확보할 수 있다. 핵무기 현대화는 러시아와 신전략무기감축조약(신

START)에 합의한 오바마 행정부에서 시작되었다. 오바마 대통령 퇴임 후 세계는 점점 더 혼란스러워지고 있다. 중국이 부상하고 러시아는 (군사적) 확장을 추진하고 있다. 상대가 다른 방향으로 가는데 우리만 후퇴할 수 있겠는가.”

한편 찰스 리처드 전략군 사령관은 2021년 4월 의회 상원군사위원회 공청회에서 노후화된 ICBM으로는 “주어진 전략을 실행할 수 없다”고 토로하며 개량을 촉구했다. 또한 “러시아는 80% 현대화를 완료했는데 미국은 전무하다”라고 강조했다. 중국 역시 한 달 전의 정보가 도움이 되지 않을 정도로 급속히 핵군비 확대를 추진하고 있어, 곧 대륙 간 고도의 공격능력을 갖추게 될 것이라는 위기감을 드러냈다. 내게는 핵군축과 억지를 위한 핵무기 현대화가 양립가능하다는 구실처럼 들렸다.

오바마 노선의 계승

애초에 30년간 1조 달러 이상을 투입하는 핵무기 현대화 계획을 처음 승인한 것은 ‘핵무기 없는 세상’을 표방한 오바마 행정부였다. 오바마 행정부는 2010년 미국과 러시아 간 신START 비준을 상원에서 승인받는 대신, 30년간 1조 달러를 투입하는 핵무기 현대화 계획을 받아들였다.

이후 '힘에 의한 평화'를 내세운 트럼프 행정부는 예산을 증액하며 핵군비 증강을 추진했다. 바이든 행정부는 어떠한가.

바이든 대통령은 상원의원 시절부터 핵무기문제에 큰 관심을 가지고 적극적으로 발언해 왔다.[27] 바이든 대통령은 핵무기 감축에 강한 의지를 가지고 있으며, 오바마 행정부 임기 만료 직전인 2017년 1월 워싱턴 시내에서 부통령 자격으로 시행한 연설에서 "미국의 비핵 능력과 오늘날 위협의 성격을 고려할 때, 미국의 핵무기 선제공격이 필요한 시나리오를 상정하기 어렵다"고 단언한 바 있다.

또한 "오바마 대통령과 나는 (핵무기 이외의) 다른 방법으로 비핵의 위협을 억지하고 미국과 동맹국을 방어할 수 있다고 확신한다. (2010년) '핵태세 검토보고서'(NPR) 이후 7년이 지났다. 대통령과 나는 핵공격을 억지하고 필요하다면 보복하는 것이 미국 핵무기의 유일한 목적이어야 한다는 데까지 충분히 진전시켰다고 굳게 믿고 있다"고 밝혔다. 더불어 "핵무기 없는 세상을 원한다면 미국이 주도권을 잡아야 한다. 오바마 대통령이 히로시마 방문 중 강조했듯이, 미국은 핵무기를 사용한 유일한 국가로서 앞장서야 할 무거운 도덕적 책임을 가지고 있다"고 강조했다.

바이든은 대통령 선거 전인 2020년 8월, 원폭 투하 75주년을 맞아 "히로시마, 나가사키의 공포가 다시는 되풀이되지 않기 위해 핵무기 없는 세상에 다가가도록 노력하겠다"는 성명을 발표하고 오바마 이념의 계승을 표명했다.

또한 2020년 외교전문지에 기고한 글에서는 핵무기의 '유일한 목적'을 핵공격 억지에 국한하는 선언 채택을 위해 노력할 것이라고 밝혔다. 오바마 행정부 말기인 2016년에도 거의 같은 의미를 지닌 핵무기 '선제불사용' 선언이 검토되었지만 일본 등 동맹국의 우려로 유보된 전례가 있어 기고문에서는 '미군 및 동맹국과 협의한다'는 조건을 붙였다. 기고문에서 바이든은 '핵전쟁의 새로운 위협'을 기후변화 등과 견줄 과제로 규정했으며, 세계의 신뢰를 회복할 수 있도록 노력하겠다는 점도 강조했다.

한편 2019년 대통령 선거 후보자 설문조사에서 바이든은 트럼프 행정부가 러시아에 대항하기 위해 개발을 추진한 저위력 핵탄두에 대해, "미국은 새로운 핵무기를 필요로 하지 않는다. 기존 핵전력으로 미국의 억지력과 동맹국들의 요구를 충족시키기에 충분하다"는 견해를 밝히고, 새로운 핵무기가 불필요하다는 인식을 드러낸 바 있다.[28] 트럼프 행정부가 개발을 표명한 해상발사순항미사일(SLCM)도 포함하여 새로운 핵무기 개발 계획에 대한 중단 여부가 주목되었다.

같은 설문조사 중에는 핵무기 현대화 계획에 대해 "향후 30년간 1조 2,000억 달러가 채 안 되는 예산을 투입하여 미국이 안전하고 효과적인 핵전력을 유지할 수 있는가"라는 질문도 있었다. 바이든은 "내가 취임할 경우 나의 행정부는 핵무기에 대한 의존과 과도한 지출을 줄이는 한편, 강력하고 신뢰할 수 있는 억지력 유지를 위해 힘쓸 것이다. 미국과 동맹국에 실행가능한 억지력을 유지하기 위해 지속가능한 핵예산을 요구하겠다"고 답변했다.

2021년 1월 바이든 행정부가 출범하자 미러 양국은 트럼프 행정부하에서 존속이 위태로웠던 기한 만료 직전의 신START 5년 연장에 합의했다. 미러 양국 간에 유일하게 남아 있던 핵군비통제조약이 사라지는 사태는 면했다.

신START가 연장되면서 새로운 핵군축체제에 초점이 옮겨 갔다. 바이든 대통령이 포괄적인 체제를 겨냥하여 전술핵 등에 대한 규제를 협상대상으로 삼을 것으로 전망되었다. 가장 큰 관심사는 중국이 이 체제에 참여할지 여부이다. 핵전력에서 미국, 러시아보다 열세인 중국은 신START 연장 합의를 평가하면서도, 자국의 참여에 대해서는 부정적 입장을 견지하고 있다.

바이든 행정부의 핵정책 행보에 세계의 이목이 집중되고 있다.

윌리엄 페리 전 국방장관 "핵무기금지조약을 지지한다."

오바마 행정부의 '핵무기 없는 세상' 이념을 계승하는 바이든 행정부 역시 핵정책을 크게 바꾸지는 않을 것으로 예상된다. 이러한 냉담한 시각이 만연한 가운데, 한때 미국 핵정책에 깊이 관여했던 두 거물급 인사가 각각 바이든 행정부 출범 전후로 나와의 취재에서 중요한 의견을 표명했다.

그중 한 명은 1994~1997년 클린턴 행정부에서 국방장관을 지낸 윌리엄 페리(93세)이다. 페리 씨는 2021년 2월 취재에서 "핵무기 보유를 부도덕한 것으로 여기고 있으며, 핵무기금지조약을 지지한다"고 밝혔다. 그는 2007년 『월스트리트저널』에 '핵무기 없는 세상'이라는 제목의 기고문을 발표하고 오바마 전 대통령의 정책에 영향을 미친 '4명의 현인' 중 한 명이다. 나머지 3명은 헨리 키신저 전 국무장관, 조지 슐츠 전 국무장관, 난 전 상원군사위원장이다. 그러나 미 국방장관 출신이 역사상 처음으로 핵무기를 불법화한 조약에 대해 지지의사를 밝힌 것은 매우 이례적인 일이다.

페리 씨는 다음과 같이 주장했다. "핵무기금지조약을 비판하는 사람들은 이 조약에 핵보유국들이 참여하지 않기 때문에 아무런 효과가 없다고 말한다. 그러나 이 조약은 도덕적 기준이다. 조약은 핵무기가 도덕적으로 잘못된 것이라고 하는 것이다. 비핵보유국이 핵보유국에게 핵보유는 부도덕하다고 말하고 있는 것이다. 그러한 관점에서 나는 지지한다. 미국은 가까운 시일 내 서명할 것이고, 나는 그 조약을 지지한다. 좋은 일이라고 생각한다."

1970년에 발효된 핵확산금지조약(NPT)은 미국, 러시아, 영국, 프랑스, 중국의 핵보유를 인정하는 대신, 핵군축협상에 성실히 임할 것을 의무화하고 있다. 그러나 핵무기는 전 세계에 여전히 13,000여 개가 남아 있고 좀처럼 줄지 않고 있다. 미국과 러시아의 군축협상은 지지부진하고, 중국은 핵군비 확장을 추진하고 있다. NPT 미가입국인 인도와 파키스탄, 이스라엘은 핵무장을 하고 있으며, 조약 탈퇴를 선언한 북한은 핵실험을 반복하고 있다.

비핵보유국들은 이러한 상황에 초초해 하며 핵무기를 둘러싼 국제규범이 필요하다고 생각한다. 그 결과 2017년 7월, 핵무기금지조약은 유엔 회원국 60%에 해당하는 122개국·지역의 찬성으로 채택되어 2021년 1월에 발효되었다.

또한 페리 씨는 "미국과 러시아는 (NPT군축협상) 의무와는 반대로 핵무기의 수를 늘리지 않는 대신, 현대화나 개량을 통해 (질을) 강화하고 있다"고 지적했다. 또한 "핵무기금지조약과 NPT는 핵무기 없는 세상을 지향한다는 점에서 목표가 같다"고 강조하고, "핵무기금지조약은 핵보유국에 압력을 가한다. 행동을 강제할 수는 없지만 재검토를 촉구한다. 미국은 조약에 가입하지 않더라도 그 존재를 존중해야 한다"며 비핵보유국과의 대화의 중요성에 대해서도 역설했다. 일본에 대해서는 "핵무기에 반감을 보이면서도 미국의 핵우산을 받아들이고 있어 발언이 위선적으로 비칠 가능성이 있다. 일본은 특수한 입장이다"라고 밝히는 한편, 일본이 핵보유국과 비핵보유국의 가교역할을 할 수 있다는 인식도 내비쳤다. 오바마 행정부가 미러 간 신START 비준을 상원에서 승인받는 대가로 30년간 1조 달러를 투입하는 핵무기 현대화 계획을 추진한 것에 대해서는 "잘못된 판단이었다"고 비판했다.

미국은 ICBM, 전략폭격기, SLBM '핵 3대축'의 현대화를 추진하고 있다. 페리 씨는 전략폭격기와 SLBM의 현대화에는 일정한 이해를 표명했지만, ICBM에 대해서는 "우발적 핵전쟁을 초래하는 방아쇠가 될 위험이 있어 불필요하다. 단계적으로 퇴역시켜야 한다"고 주장했다.

그 이유에 대해서는 다음과 같이 밝혔다. "첫째, (지상발사대가 고정된 미국의) ICBM은 적의 공격에 매우 취약하다. 둘째, 적의 공격이 있다는 경보가 울리면 적의 공격이 도착하기 전에 대통령은 ICBM을 발사해야 한다. 오경보라면 실수로 핵전쟁을 일으킬 수 있다. 이는 이론상의 이야기가 아니라 내가 아는 한, 우리는 이미 3번의 오경보를 경험했다. 매우 위험하다. 셋째, 신형 ICBM(GBSD) 개발에는 수천억 달러의 막대한 비용이 들어가는데 경제적으로 불필요한 지출이다."

페리 씨는 미소 냉전 당시 정부 고위관리로서 "소련에서 미국을 향해 200발의 ICBM이 날아오고 있다는 것이 컴퓨터 화면에 포착되었다"는 경보를 경험한 바 있다. "ICBM이 미국을 향해 날아오고 있다는 전화를 한밤중에 받는 일을 두 번 다시 경험하고 싶지 않다. 물론 오경보였다. 지난 20년 동안 그런 일이 더는 없었지만, 사이버 공격이 늘어나는 상황에서 오경보가 발생할 가능성은 더욱 높아졌다고 생각한다. 대통령에게 그러한 결정을 내리게 하고 싶지 않다. 이 문제를 없애는 방법은 ICBM을 없애는 것이다"라고 단언했다.

미국에서 핵무기를 발사할 수 있는 권한은 대통령에게만 주어진다. 트럼프 행정부 임기 만료 직전인 2021년 1월, 민주당 펠로시 하원의장은 '불안정한 대통령(트럼프)'이 핵공격 명령을 내리는 것을 막기 위해 미 군부 최고수뇌부 밀리 합참의장과 협의한 사실을 밝혔다. 당시 페리 씨 등은 대통령이 핵무기 사용의 전권을 쥐고 있는 것에

온라인 취재에서 "바이든 행정부가 핵무기를 폐기할 것이라고 생각하지 않는다. 그러나 나는 핵무기의 역할을 줄이고 현대화를 재검토하여 그동안 (개발을) 중단할 것을 바이든 대통령에게 요구하고 있다"고 밝힌 윌리엄 페리 전 국방장관(2021년 2월 8일, 필자 촬영)

대해 "비민주적이고 시대에 뒤떨어지며 불필요하고 매우 위험하다"고 지적했으며, 또한 "사용권한을 선출된 의원단과 공유해야 한다"는 의견을 제출하고 바이든에게 개혁을 요구했다.

이에 대해 페리 씨는 취재에서 "대통령의 전권이 우발적인 핵전쟁 위험으로 이어지고 있다. 지금도 미국의 핵정책은 러시아가 미국을 핵 기습공격할 수 있다는 가정에 기반하고 있다. 그러나 그러한 자살행위는 생각하기 어렵다. 대통령 혼자서 5분, 10분 만에 발사 여부를 판단하는 것이 아니라, 의회나 행정부의 한정된 구성원들과 수 시간 협의하는 것이 미국의 안보에 큰 이점이 될 것이다"라고 강조했다.

그리고 오바마 행정부의 '핵무기 없는 세상' 이념을 계승하는 바이든 행정부의 핵정책 향방에 대해서는, "지금 냉전 시기 이상으로 핵전쟁이나 핵 대참사가 일어날 가능성이 높아지고 있다. 바이든 행정부가 핵무기 폐기를 위해 움직일 것이라고는 생각하지 않는다. 그러나 나는 핵무기의 역할을 줄이고 현대화를 재검토하여 그동안 (개발을) 중단할 것을 바이든 대통령에게 요구하고 있다"고 밝혔다.

어니스트 모니즈 전 에너지부장관,
핵무기금지조약 논의 불참은 '실수'

미국 핵정책에 깊이 관여했던 또 한 명의 거물은 핵물리학자이자 오바마 행정부의 핵정책에서 핵심적인 역할을 담당한 어니스트 모니즈 전 에너지부장관이다.

그는 2021년 1월 취재에서 핵무기금지조약과 관련하여, "핵보유국이 핵금지 논의에 참여하지 않은 것은 실수였다고 생각한다. 핵보유국과 비핵보유국의 대화를 어렵게 만들었다"고 밝혔다. 미국을 포함한 핵보유국들은 일관되게 핵무기금지조약에 부정적인 입장을 취해 왔

핵무기금지조약과 관련하여 "개인적으로 핵보유국이 핵금지 논의에 참여하지 않은 것은 잘못이라고 생각한다. 핵무기금지조약은 NPT의 장기적인 목표와 근본적으로 일치한다"고 말하는 어니스트 모니즈 전 에너지부장관(미 에너지부 홈페이지)

다. 그럼에도 불구하고 모니즈 씨의 이러한 발언은 '핵무기 없는 세상' 이념을 계승하는 바이든 행정부의 출범을 앞두고, 핵보유국과 비핵보유국 간의 대화의 중요성을 역설한 것이다.

모니즈 씨는 취재에서 먼저 "불행히도 핵무기 사용의 위험은 지금 (1962년) 쿠바 미사일 위기 이후 가장 높다. 우리는 현재 이전과는 다른 사이버세계에 살고 있다. 미국과 러시아는 전 세계 핵무기의 90% 이상을 보유하고 있지만, 핵의 지휘·관리나 조기경보시스템에 대한 사이버공격에 대해서는 아무런 합의가 없다. 미국은 지금도 핵무기 사용권한이 대통령 한 사람에게 집중되어 있고, 결단의 시간은 10분밖에 되지 않는다"라고 강한 위기감을 드러냈다.

나는 191개국·지역이 가입한 NPT와 핵무기금지조약

의 간극에 대해 질문했다. 모니즈 씨는 "개인적으로 핵보유국이 핵금지 논의에 참여하지 않은 것은 잘못된 일이라고 생각한다. 핵보유국에 대해 (핵무기의) 즉각적인 금지 같은 것을 주장해야 한다는 것이 아니다. 핵무기금지조약은 NPT의 장기적 목표와 근본적으로 일치한다. 특히 미국과 러시아가 핵폐기를 위한 움직임을 보인다면 핵보유국과 비핵보유국 간 대화를 활성화할 수 있다"고 지적하며, 전 세계 핵무기의 90% 이상을 보유하고 있는 미러 양국의 책임이 크다고 강조했다. 핵보유국들은 핵무기 폐기를 서두르는 금지론에 반대하며 핵무기금지조약 논의에 참여하지 않았다. 그런 만큼 미 행정부의 전직 고위관리가 NPT와 핵무기금지조약의 목표가 '근본적으로 일치한다'는 인식을 보인 것은 이례적인 일이다.

모니즈 씨는 트럼프 행정부에 대해서는 "안보에서 핵무기의 역할을 강화했다. 저위력 핵을 잠수함에 실전배치하는 것은 전혀 불필요한데, 핵무기 사용의 문턱을 낮췄다. 핵무기 현대화 예산도 증액했다"고 비판적인 견해를 보인 반면, 바이든 행정부에 대해서는 "핵무기 역할이 축소되는 상황으로 돌아갈 것이다"라는 기대감을 드러냈다.

또한 모니즈 씨는 바이든 행정부가 신START를 연장한 후 "미국이 배치하는 전략핵탄두의 상한선을 자율적으로 낮추어 신뢰구축에 나서야 한다. (신START 연장 후의) 새로운 핵군축체제를 위한 협상에서 비전략핵(전술핵)도 대상에 포함시키는 것을 러시아와 함께 추진해야 한다"고 주장했다. 트럼프 행정부는 핵군비 확장을 추진하는 중국도 조약에 포함시켜야 한다고 주장했지만, 핵전력이 미국과 러시아에 비해 열세인 중국이 참여를 거부하여 연장 협상에 난항을 겪어왔다. 이에 대해 모니즈 씨는 "중국의 참여는 시기상조다. 핵전력의 비대칭성을 고려할 때 현재로서는 이치에 맞지 않는다. 그러나 신뢰를 높이기 위한 대화는 할 수 있다. 예를 들어 중국이 미러와 함께 '핵전쟁에는 승자가 없고 핵전쟁을 해서는 안 된다'는 선언을 확인하거나 시험해볼 수 있다. 또한 미중 간 핵위기 관리 메커니즘을 구축하기 위해 노력할 수도 있다"고 제안했다.

바이든 행정부의 핵 '선제불사용'이나 '유일한 목적' 선언 가능성에 대해 모니즈 씨는 "일본과 한국 등 동맹국들과 대화해야 한다. 그런 선언으로 안심하기 위해서는 지역 전체의 안보관계가 해결되어야 한다"고 강조했다. 오바마 행정부가 2016년 핵 '선제불사용' 선언을 검토했다가 포기한 것에 대해서는 "그러한 결정을 내리기까지 동맹국들과 협의할 시간이 없었다"고 회고했다.

당시 일본과 한국 등 미국의 '핵우산'으로부터 보호를 받고 있는 동맹국들은 우려를 제기했다. 모니즈 씨는 "일본과 한국이 (미국의 핵 선제불사용) 움직임에 대해, 전체의 안보관계 틀 안에서 이루어진다는 것을 확인하고 싶어하는 데는 이유가 있다. 미국의 안보가 지역에서 매우 중요하기 때문이다"라고 말했다. 그리고 "바이든 행정부는 동맹관계의 재구축을 강조하고 있다. 그것은 핵무기 정책 결정에 있어 매우 중요하다. 아시아와 유럽 동맹국들의 동의 없이는 미국 단독으로 바꿀 수 없는 정책이 있다고 강하게 느끼고 있다"는 견해를 밝혔다.

또한 핵군축을 위한 일본의 역할에 대해서는 "피폭국이자 미국의 굳건한 동맹국인 일본은 (핵보유국과 비핵보유국의 가교가 되는) 특별한 역할을 할 수 있다고 생각한다. 핵무기의 '유일한 목적'에 대한 논의를 발전시키는 데 있어서도, 일본은 논의의 중심에 설 수 있다고 생각한다"고 밝혔다.

바이든 행정부 고위관리에게 직접 묻다

2021년 3월 바이든 행정부가 발표한 국가안보전략 잠정지침에는 "국가안보전략에서 핵무기의 역할을 줄여나갈 것이다"라는 점을 명시했다. 바이든 행정부의 중기적 핵정책의 지침이 될 '핵태세 검토보고서'(NPR)가 어떠한 내용이 될지 주목되었다.

나는 2021년 4월 동료들과 함께 바이든 행정부의 NPR 수립의 핵심멤버가 될 것으로 예상되고 있었던 리어노어 토메로 국방부 부차관보(핵·미사일 방어정책 담당)와 알렉산드라 벨 국무부 부차관보(군축·검증·준수 담당)를 취재할 기회를 가졌다.

먼저, '핵무기 역할 축소'에 대해 토메로 국방부 부차관보에게 질문했다. 그는 "바이든 대통령의 목표가 핵무기의 역할을 줄이는 것에 있음은 틀림없다. NPR의 일환으로 검토하고 싶다"고 밝혔다. 벨 국무부 부차관보 또한 "바이든 대통령은 (상원의원 36년 등의) 경력을 통해 핵위협을 줄이기 위해 노력해 왔다. 미국과 동맹국, 그리고 세계에 대한 핵위협을 가능한 한 모든 정책을 통해 줄이도록 노력할 것이다"라고 강조했다.

향후 30년간 1.2조 달러의 예산이 소요될 것으로 예상

바이든 행정부의 거액의 핵무기 현대화 계획에 회의적인 군축중시그룹으로 분류되어, 취임 1년도 채 되지 않아 돌연 사임한 리어노어 토메로 전 국방부부차관보(핵·미사일 방어정책 담당). 취재에서 핵무기의 '유일한 목적'을 미국과 동맹국에 대한 핵공격 억지에만 국한한다는 선언을 NPR에서 '검토할 것이다'라고 단언했다(미 국방부 홈페이지).

되는 핵무기 현대화 계획에 대해서도 질문했다. 토메로 부차관보는 "몇 가지 계획은 매우 고비용이다"라고 밝히며 예산에 대해 우려했다. 핵전력 3대축 가운데, 일부 군축론자들이 전략적으로 불안정하다며 동결해야 한다고 주장하고 있는 ICBM은 어떻게 할 것인지에 대해서도 물었다. 토메로 부차관보는 어떠한 무기인지는 밝히지 않은 채, "몇 가지 프로그램에 대해 일정과 우선순위를 고려하여 재검토하게 될 것 같다"고 밝히며, 2023회계연도(2022년 10월~2023년 9월) 국방예산을 논의하는 과정에서 검토할 과제라고 말했다. 그리고 "핵억지는 국방부에 있어 최우선 순위다. 목표는 안전하고 신뢰할 수 있는 핵전력을 유지하는 것이다. NPR과 미사일 방어 재검토는 일본을 포함한 동맹국들과 협의하여 진행할 것이다"라고 강조했다.

바이든 행정부의 NPR은 트럼프 행정부와 어떻게 바뀔 것인가. 토메로 부차관보는 다음과 같이 밝혔다. "트럼프 행정부의 NPR은 동맹국 참여를 위한 확장억지의 중요성, 핵무기 현대화의 중요성을 강조한다는 점 등에서 오바마 행정부와의 연속성이 확인된다. 한편 억지력 갭에 대응하기 위해 새로운 능력을 갖추자는 제안이 있었다. 우리는 안보환경을 검토하여 전략적 안정성을 높이고 오산을 줄이는 방안을 검토할 것이다."

또한 바이든 대통령이 취임 전 의욕을 보였던, 핵무기의 '유일한 목적'을 미국과 동맹국에 대한 핵공격 억지에 한정한다는 선언가능성에 대한 질문에 토메로 부차관보는 "NPR에서 '유일한 목적' 선언에 대해서도 검토할 것이다"라고 단언했다. 다만 "문제는 시기와 조건이 적절한지 여부다"라고 밝히며, "가장 긴밀한 동맹국 중 하나인 일본을 비롯한 동맹국과의 협의가 최우선적으로 이루어져야 한다"고 강조했다.

벨 국무부 부차관보에게는 바이든 행정부 출범과 같은 시기에 발효된 핵무기금지조약에 대한 견해를 물었다.

벨 부차관보는 "미국의 핵전략과 확장억지에 영향을 미치지 않는다"는 기존의 입장을 반복한 후 "군축이라는 목표에 대해서는 미국도 공유한다. 핵무기금지조약이 올바른 길이라고 생각하지는 않지만 목표가 같기 때문에 이해는 된다"는 인식을 밝혔다. 또한 NPT재검토회의를 앞두고 비핵보유국과의 대화를 모색할 뜻도 시사했다.

핵무기금지조약의 비준 국가·지역이 50개국에 달하고 발효가 결정된 2020년 10월, 트럼프 행정부의 국무부 대변인은 "미국은 군축을 가속화하고자 하는 열망을 여러 국가와 공유하지만 핵무기금지조약은 해결책이 될 수 없다"고 밝혔다. 그 이유로는 조약이 미국의 억지력을 훼손하고 현재의 안보과제를 고려하지 않으며, 세계 (핵)비확산과 군축의 핵심인 NPT를 손상시킨다는 점을 꼽았다. 나는 벨 부차관보의 발언이 기본노선은 변함이 없지만 "목표는 같기 때문에 이해는 된다"는 점에서 다소 진일보한 '변화'로 느껴졌다.

핵군축 가능성을 시사하는 움직임에 공화당 측이 즉각 반응했다. 2021년 4월 상원군사위원회에서 공화당 톰 코튼 상원의원은, 토메로 부차관보가 나와의 취재에서 발언한 내용을 언급하며 미군의 핵무기 운용을 총괄하는 리처드 전략군 사령관을 추궁했다.

코튼 상원의원: "(토메로 부차관보가) 일본 언론 취재에서 핵무기 예산삭감이나 '유일한 목적'(의 선언 검토)을 시사했는데, 그것과 관련해서 당신이나 오스틴 국방장관과 상의한 적이 있는가?"

리처드 전략군 사령관: "전략군 누구와도 상의한 적은 없다. ('유일한 목적' 선언은) 미국의 억지력에 도움이 되어 온 모호함을 없애는 것이다."

토메로는 2021년 9월 국방부 부차관보에서 사임했다. 국방부는 "조직 개편을 위한 것"이라고 설명했지만, 핵군축·비확산 추진론자들은 "토메로의 핵무기 감축 태도가 이유였던 것 아니냐"고 의구심을 표명했다.

민주당 자유주의자 에드워드 마키 상원의원은 바이든 대통령에게 서한을 보내 "미국의 핵무기 계획에 대해 대통령에게 제안하는 역할을 하는 고위관리의 갑작스런 사임은 핵무기 위험을 줄이겠다는 대통령의 평생 과제를 위해 올바른 선택이 아니며, 냉전 시기와 같이 핵무기에 대해 과도한 의존을 초래하는 NPR로 이어질 것이다"라고 경고했다.

핵무기 현대화의 비용과 이권

바이든 행정부 내에는 거액의 핵무기 현대화 계획에 회의적인 군축중시그룹과 러시아, 중국과의 경쟁을 중시하며 미국이 핵전력을 감축하면 '핵우산'하에 있는 동맹국들을 불안에 빠트릴 수 있다고 우려하는 억지중시그룹, 이 두 가지 그룹이 공존하고 있다. 미국 언론에 따르면 토메로 국방부 부차관보는 ICBM과 현대화 비용을 문제 삼았던 애덤 스미스 하원 군사위원장과 함께 일한 시기도 있어, 군축중시그룹을 대표하는 인물 중 한 명으로 꼽힌다.[29]

실제로 러시아, 중국 등 경쟁국들이 핵무기 현대화 경쟁을 벌이고 있는 상황에서, 바이든 행정부가 근본적인 핵무기 감축에 나설지 의문을 제기하는 목소리가 높다.

오바마 행정부의 핵정책에 관여했던 핵문제 전문가 조셉 시린시오네 씨는 "미국의 핵정책은 막대한 돈에 의해 움직이고 있다. 군사기업들이 교묘한 로비를 벌여 국방부와 의회를 잠식하고 싱크탱크에 거액을 기부해 국방정책에 강한 영향력을 행사하고 있다. 육해공군, 핵전력사령부, 미사일방위국 모두 이익을 나누고 있기 때문에 대폭적인 감축은 어려울 것이다"라고 신랄하게 비판했다.

온라인 취재에서 "미국의 핵정책은 막대한 돈에 의해 움직이고 있다. 육해공군, 핵전력사령부, 미사일방위국 모두 이익을 나누고 있기 때문에 대폭적인 감축은 어려울 것이다"라고 밝힌 핵문제 전문가 조셉 시린시오네(필자 촬영).

시린시오네 씨는 ICBM기지 지역에서 선출된 연방의원들이 결성한 초당적인 'ICBM연합'을 예로 들며 "오바마 행정부가 러시아와 전략핵탄두를 1,550발 이하로 줄이는 신START 협상을 추진하고 있을 때, ICBM연합은 1,550발 이하로 줄이지 않을 것을 요구했다. 핵무기 수를 줄이면 기지에 다른 임무를 부여해야 한다. (핵전력 3대축인) ICBM, 전략폭격기, SLBM 어느 쪽이든 지역 선출 의원들은 기지를 지지하며, 그렇게 하지 않는 것은 정치적 자살행위가 된다"라고 지적했다.

마지막으로 시린시오네 씨는 다음과 같은 견해를 밝혔다. "핵무기 현대화 계획은 이미 진행되고 있으며, 바이든 대통령이 이를 막는 것은 상당한 어려움을 수반한다. 특히 이미 시작된 무기 생산을 중단하는 것은 거의 불가능하다. 바이든 행정부 역시 미국의 핵정책을 크게 바꿀 것이라고 생각하지 않으며, 실망스러운 결과로 끝날 것이다."

우크라이나 침공과 핵전쟁 위험

2022년 2월 24일 러시아는 우크라이나에 대한 군사적 침공을 시작했다. 푸틴 대통령은 "우리는 세계 최강의 핵강국이다", "다른 나라가 개입하면 경험하지 못한 결과를 초래할 것이다"라고 발언하며 핵전력을 포함한 '억지력 특별태세'를 갖추라고 명령했다. 우크라이나를 지원하는 미국과 유럽의 개입을 견제하기 위한 '핵협박'으로 여겨졌다. 1962년 쿠바사태 이후 최대 핵전쟁 위험이 우려되었다.

외무성 군축·비확산 전문관 출신인 니시다 미쓰루 나가사키대학 교수는 "냉전 이후 러시아의 재래식 전력은 서방에 비해 약해졌으나, 대신 러시아는 재래식 전력의 공백을 메우기 위해 핵의 역할을 증대시켰다. 언제나 러시아의 핵전략은 러시아와 군사적으로 대립하면 전면 핵전쟁으로 이어질 것이라고 위협을 가하는 것이다. 소형 비전략핵(전술핵)을 사용하는 등 상황을 굳이 고조시킴으로써 서방을 물러서게 하는 전략도 구사하고 있는 것으로 보인다"고 지적했다.

또한 니시다 교수는 "앞으로 전투가 격화되고 러시아가 열세에 놓이게 되어 어떻게든 만회하고 싶을 때, 북대서양조약기구(NATO)의 우크라이나 무기 공여와 러시아에 대한 경제제재를 중단시키기 위해 실제로 비전략핵을 발사할 가능성도 배제할 수 없다. 핵을 탑재할 수 있는 단거리탄도미사일 '이스칸데르'만 하더라도 히로시마형 원폭에 버금가는 위력을 가지고 있어, 만약 인구 밀집지역에 발사된다면 그 피해는 지금의 상황과 비교가 되지 않을 것이다"라고 우려했다. 히로시마, 나가사키 이후 단 한 번도 없었던 핵무기의 실전 사용이 있을 수 있다는 것이 많은 전문가들의 견해이다.

만약 러시아가 핵무기 사용을 강행한다면 미국과 유럽도 참전이 불가피해져 제3차 세계대전, 최악의 경우 핵전쟁으로 발전할 수 있다. 2019년 미국 프린스턴대학은 러시아의 1발의 경고발사로 미러 간 핵전쟁이 일어나게 되면 몇 시간 안에 9,000만 명 이상이 사망하거나 부상할 것이라는 추정을 내놓았다. [30] 러시아가 핵무기 사용을 시사하며 '핵협박'을 계속하고 있는 가운데, 미국과 동맹국들 사이에서 핵억지력 유지와 강화를 요구하는 논의도 활발해졌다.

일본 국내에서도 고(故) 아베 신조 전 총리와 일본유신회 등이 미국의 핵무기를 일본 내 배치하여 공동으로 운용하는 '핵공유'에 대해 "일본에서도 논의해야 한다"고 주장하기 시작했다. 핵공유란 나토의 독일, 이탈리아, 벨기에, 네덜란드, 튀르키예 등 5개국에 전투기에 탑재할 수 있는 핵폭탄 B61을 총 100여 발 배치하고 미국과 공동으로 운용하는 체제를 말한다.

미일 '확장억지' 강화

기시다 후미오 총리와 바이든 대통령은 2022년 5월 23일 도쿄 모토아카사카 영빈관에서 미일 정상회담을 가진 후, 공동성명을 통해 핵무기를 포함한 미국의 전력으로 적의 일본 공격을 단념시키는 '확장억지'를 강화한다고 밝혔다. 기시다 총리는 기자회견에서 "각료 레벨도 포함하여 미일 간 더욱 긴밀하게 의사소통을 해 나가기로 합의했다"고 강조했다.

공동성명에는 2010년부터 정기적으로 열리고 있는 '미일 확장억지협의'(EDD, 3~4장에서 소개)를 포함하여, 확장억지에 관한 협의를 더욱 강화한다는 내용도 포함되었다. EDD 참가자의 레벨을 높이는 것도 염두에 두고 있는 것으로 보인다. '확장억지 강화'는 우크라이나 침공 이후 제기된 미국의 '핵우산'에 대한 불안감을 불식시키려는 의도이다.

기시다 총리는 기자회견에서 2023년 주요 7개국(G7) 정상회의가 자신의 출신지이자 피폭지인 히로시마에서 개최될 것이라는 점도 밝혔다. "G7 정상회의에서는 무력침략도 핵위협도 국제질서를 전복시키려는 시도도 단호히 거부한다는, 역사에 남을 G7의 의지를 무게감 있게 보여주고 싶다. 히로시마만큼 평화에 대한 약속을 보여주기에 적합한 곳은 없다"고 강조했다.

공동성명에서 '핵무기 없는 세상'을 위해 미일 양국이 협력한다는 점도 확인되었다. NPT체제 강화 외에 "안보상의 과제에 대처하면서 핵군축에 관한 현실적인 방안을 추진하겠다"고 밝혔지만 구체적인 방안에 대한 설명은 없었다.

2022년 6월 21~23일 오스트리아의 빈에서 열린 제1차 핵무기금지조약 당사국 회의에는 조약을 비준하지 않은 나토 회원국 독일과 네덜란드 외에, 호주 등 34개 옵서버 국가를 포함한 80여 국가·지역이 참가했다. 당초 예상보다 2배 가까이 늘어난 규모였다.

이 회의에서 채택된 정치선언에서는 "핵보유국이나 핵우산에 의존하는 동맹국들은 핵무기 의존도를 낮추기 위한 진지한 조치를 취하지 않고 있다. 대신 모든 핵보유국들은 핵전력을 현대화하거나 확장하기 위해 막대한 돈을 투입하고, 안보 분야에서 핵무기의 역할을 강화하는 데 점점 더 많은 비중을 두고 있다"고 지적했다. 그리고 핵보유국이 참여하는 NPT와의 협력 분야를 모색하는 담당자를 두기로 하는 등, NPT 보완을 위한 '대화'를 모색하는 데 합의했다.

당시 일본 마쓰노 히로카즈 관방장관은 "현실을 바꾸기 위해서는 핵보유국들의 협력이 필요한데 핵보유국은 단 한 나라도 참가하지 않는다"는 것을 이유로 옵서버로 참여하는 것조차 보류했다. 대신 이 회의 기간 중이었던 6월 21~22일, 미일 양국은 미국 동부 조지아주 킹스베이 해군기지에서 EDD를 개최했다. 미국 측 참가자 중 내가

1년 전 취재했던 '핵군축파' 알렉산드라 벨 국무부 부차관보도 포함되어 있었다.

일본 측 발표에 따르면, 미국 측은 "최근 완료된 NPR을 토대로 핵 3대축 태세와, 현대화 계획을 포함한 미국의 핵능력 현황과 미국의 핵 선언적 정책에 대해 설명했다"고 하며, 양측은 확장억지에 대해서도 '심도 있는 논의'를 진행했다고 한다. 또한 양국 대표단은 오하이오급 전략 핵잠수함 메릴랜드도 시찰했다.

빈, 쿠웨이트 대사를 지낸 전 외교관이자 히로시마 평화문화센터 전 이사장인 고미조 야스요시 씨는 2022년 1월 온라인회의에서, "핵군축 검증 등 일본이 핵무기금지조약 당사국 회의에 옵서버로 참가하여 공헌할 수 있는 것이 많다. 피폭지 출신인 기시다 총리가 합리적인 의견을 제시하면 미국도 일본의 옵서버 참여를 반대하지 않을 것이다"라는 의견을 밝혔다.

관계자에 따르면, 지난 4월 고미조 씨 등 핵군축 전문가 5명이 기시다 총리의 조찬 모임에 초대받았을 때 고미조 씨는 일본의 옵서버 참여를 재차 요청했다. 그러나 기시다 총리는 별다른 반응을 보이지 않고 메모만 하고 있었다고 한다. 고미조 씨는 취재에서 총리와의 대화 내용은 밝히지 않았지만, 2023년 11월 뉴욕에서 열리는 핵무기금지조약 제2차 당사국 회의에 옵서버로 참여하는 '외교적 노력'을 요구했다고 밝히고, "일본은 핵군축 검증 조치, 핵 피해자 구제방법 등을 강구해 제안할 수 있다. 원점인 히로시마, 나가사키 피폭을 밝히는 것도 지금이 기 때문에 중요하다"고 강조했다.

NPT회의 다시 결렬, 보이지 않는 일본의 역할

핵전쟁 위협에 대해 전 세계가 위기감을 느끼는 가운데 2022년 8월 NPT재검토회의가 7년 만에 열렸고, 기시다 총리는 일본 총리로는 처음으로 참석을 표명했다. 총리는 "핵무기 없는 세상이라는 '이상'과 엄중한 안보환경이라는 '현실'을 연결하겠다"고 밝히며, '핵무기 불사용의 지속', '핵전력의 투명성 향상', '각국 지도자들의 피폭지 방문 촉진' 등 5가지 행동을 기초로 하는 '히로시마 액션플랜'을 발표했다.

그러나 기시다 총리가 그동안 주장해 온 핵보유국과 비핵보유국 간의 '가교역할'에 대해서는 구체적으로 언급하지 않았다. 핵무기금지조약에 대한 언급도 전혀 없었다.

유엔 안토니우 구테흐스 사무총장은 '히로시마 원폭의 날'을 맞아 히로시마 평화기념식에 처음으로 참석하고 핵보유국에 핵 '선제불사용' 선언을 요구했다. NPT재검토회의 최종문서안에도 '선제불사용'을 촉구하는 문구가 포함되었으나 최종적으로 삭제되었다. 핵무기금지조약에 대해서도 발효 등 사실관계 기재에 그쳤고, 당사국회의에서 채택된 정치선언이나 행동계획 등도 삭제되었다.

그렇게 타협점을 찾은 최종문서안이었지만, 회의 마지막 날 러시아가 우크라이나 관련 기술에 반대하여 결국 채택되지 못했다. 지난 2015년 회의에 이어 두 차례 연속 최종문서가 채택되지 못하고 또다시 결렬된 것이다. 반세기 넘게 핵군축의 근간이 되어 온 NPT에 대한 신뢰가 흔들리면서 핵군축의 동력이 점점 약화되는 결과로 마무리된 것이다.

바이든 행정부의 '핵태세 검토보고서'(NPR) 발표

2022년 10월 바이든 행정부는 25페이지 분량의 '핵태세 검토보고서'(NPR)를 발표했다. '핵무기의 역할 축소'를 전면에 내세우면서도, 핵억지력은 미국에 "지속적인 최우선 과제"라고 강조했다.

취임 전 바이든 대통령은 핵무기의 '유일한 목적'을 핵공격 억지에 한정한다는 선언에 의욕을 보였다. 그러나 NPR은 핵공격 억지를 '유일한 목적'이 아니라 '기본적 역할'로 규정했다. 또한 재래식 무기, 생화학 무기, 사이버에 의한 대규모 공격에 대해서도 '극한의 상황'이 발생하면 핵무기를 사용할 여지를 남겼다. 핵무기 사용조건을 엄격하게 규정하는 것은 보류했다.

NPR은 '유일한 목적'이나 '선제불사용' 선언을 '철저히 검토'했지만 "경쟁국들이 개발·배치하고 있는 비핵전력을 고려할 때 수용하기 어려운 수준의 위험을 초래할 수 있다"고 결론지었다고 밝혔다. 다만 '유일한 목적' 선언의 목표는 계속 유지하며 동맹국들과 협력할 것이라고 강조했다.

서방 언론에 따르면, 미국 정부는 NPR정책 수립 과정에서 동맹국들에게 핵정책에 대한 질문지를 보냈다. 많은 국가들이 '유일한 목적' 등 큰 폭의 핵정책 변경에 부정적인 반응을 보였다.

러시아나 중국에 대한 억지력을 약화시킬 수 있다는 인식하에 유럽의 영국, 프랑스, 독일을 비롯하여 인도태평양 지역의 일본, 호주 등이 미국 정부에 핵정책을 변경하지 않도록 압력을 가한 것으로 알려졌다.

또한 NPR은 동맹국에 대한 확장억지(핵우산)를 강화한다고 밝혔다. 지난 10년간 미국이 일본, 한국, 호주와 확장억지 협의를 지속해 왔다는 점을 강조하며 이러한 협의를 '강화할 것'이라고 명시했다. 러시아의 핵무기 사용 우려가 고조되는 등 안보환경이 어려워지는 가운데 동맹국에 대한 배려가 강하게 묻어나는 내용이었다.

NPR은 경쟁국 중국에 대해 초기 단계인 '핵 3대축'을 구축했으며, 향후 10년 이내에 최소 1,000발의 핵탄두를 보유할 가능성이 있다고 지적했다. 러시아도 신START에 얽매이지 않는 비전략핵(사거리가 짧은 전술핵)을 최대 2,000발 보유하고 있으며, "지역분쟁에서 러시아의 제한적 핵사용을 억지하는 것은 미국과 나토의 우선 과제다"라고 밝혔다. 또한 "미국은 2030년대까지 역사상 처음으로 두 개의 핵대국과 마주하게 될 것이다"라는 강한 위기감을 드러냈다.

　바이든 행정부는 향후 30년간 1조 2,000억 달러의 예산이 소요될 것으로 예상되는 핵무기 현대화 계획도 기존 노선을 그대로 유지할 계획이다. 취임 전 바이든 대통령은 트럼프 행정부가 실전배치했다고 밝힌 저위력 핵탄두에 대해 '불필요하다'는 인식을 보였지만, NPR은 그러한 인식과는 달리 '제한적인 핵사용은 억지를 위한 중요한 수단'이며 잠수함 실전배치를 지속할 방침이라고 밝혔다.

　또한 NPR은 오바마 행정부가 내세운 '핵무기 없는 세상'이라는 목표를 계속 추구할 것이라고 강조하면서도, 한편으로 핵무기금지조약은 "목표 달성을 위한 효과적인 수단이 아니다"라고 단언했다.

　이러한 가운데 미국은 핵군축을 위한 몇 안 되는 구체적 방안으로 추진된 저위력 핵을 탑재한 해상발사순항미사일(SLCM) 개발 중단을 결정했다. 핵 순항미사일은 오바마 행정부가 토마호크 퇴역을 발표했지만 트럼프 행정부가 이를 비판하고 개발 의사를 밝힌 바 있다. 미 의회 예산국(CBO)은 SLCM과 탄두 개발 비용으로 2030년까지 약 100억 달러가 소요될 것으로 추산하고 있다.[31]

미국은 핵군축과 예산절감 차원에서 SLCM 개발 중단을 결정했지만, 미군 수뇌부와 야당인 공화당 보수파 의원들은 반대의견을 내놓고 있다. 러시아의 '핵위협'이 지속되는 상황에서 핵 순항미사일은 미국과 러시아의 비전략핵 갭을 메우는 데 도움이 된다는 주장이다. 거액의 핵무기 개발 계획인 만큼 군수업체들의 반발도 거세게 일 것으로 보인다.

'핵무기 없는 세상'이라는 목표를 향해 바이든 행정부가 구체적인 정책을 내놓을 수 있을지 주목되었지만 기존과 큰 변화는 없다. 이에 대해 전미과학자연맹의 한스 크리스틴슨 씨 등 핵군축 진영은 "핵전력과 핵무기 역할 축소를 위한 지금까지의 노력이 해외의 새로운 전략적 경쟁과 국내의 국방 매파의 반대에 부딪혔다"라고 실망의 목소리를 냈다.[32]

제 7 장

미국의 피폭자들:
핸포드(Hanford)
'죽음의 1마일'을 찾아서

미국 서해안 워싱턴주 핸포드 인근의 '죽음의 1마일'로 불리는
지역을 안내하며 "핵무기를 만들기 위해 자신과 가족의 건강을
갉아먹었다. 우리도 미국의 피폭자다"라고 말하는 농부 톰 베일
리 씨(2021년 2월 20일, 필자 촬영)

미국 핵전력의 원점

미국 서해안 워싱턴주 동부 농업지대에 '죽음의 1마일'로 불리는 지역이 있다.

이 지역에서 바람이 불어오는 쪽 약 25km 떨어진 곳에 '핸포드 핵시설'이 있다. 제2차 세계대전 당시 원자폭탄을 개발한 '맨해튼계획'의 거점 중 하나이다. 77년 전 나가사키에 투하된 원자폭탄의 플루토늄이 이곳에서 만들어졌다. 종전 후에도 소련과의 핵개발 경쟁 거점으로 나가사키형 원폭 약 7,000개 분량의 무기용 플루토늄이 이곳에서 제조되었다. 미국 핵전력의 원점이라고 할 수 있는 곳이다.

미국 정부가 이곳을 원폭개발지로 선택한 것은 비밀유지가 용이한 외딴 지역인데다 강으로부터는 원자로 냉각수가, 상류 댐으로부터는 전력 공급이 가능했기 때문이다. 원래 거주하던 주민들은 퇴거를 강요당해 쫓겨났고, 미국 전역에서 모인 노동자들 약 5만 명이 이주했다.[33]

일본 시가현 비와코 호수의 2배가 넘는 약 1,500㎢의 부지에서 냉전 말기인 1987년 마지막 원자로가 가동을 멈출 때까지 플루토늄 생산은 계속되었다. 이 과정에서 발생한 방사성폐기물 약 5,600만 갤런이 지하에 묻혀 있다. 미국에서 가장 오염된 땅이라고 한다.

내가 방문한 2021년 2월, 이 일대 대평원은 온통 눈으로 뒤덮여 있었다. 사람의 모습은 보이지 않았고 고요함에 휩싸여 있었다. 근처에 사는 농부 톰 베일리 씨(74세)가 자동차 조수석에 올라 안내해주었다. 베일리 씨는 수백 미터 간격으로 떨어져 있는 집들을 차례로 가리키며 이렇게 말했다. "이 집 가족은 모두 암으로 죽었다", "저 집도 부모가 암으로 죽었고 딸들은 모두 갑상선 치료를 받고 있다", "저쪽 집의 부인은 선천성 기형아를 낳은 후 익사시키고 자살했다."

1986년 베일리 씨 등이 이 일대에 사는 27세대를 조사한 결과, 25세대의 가족 중 누군가가 암에 걸리는 등 건강상 문제를 안고 있는 것으로 나타났다. 베일리 씨는 건강상 문제를 안고 있는 것이 "지금은 27세대 전부다"라고 말했다.

핸포드 핵시설에서 약 3km 떨어진 집에서 태어나고 자란 베일리 씨도 어렸을 때부터 병약했으며 여러 가지 질병을 앓고 있었다. 18세 때 무정자증이라는 것도 알게 되었다. 아버지와 그의 세 형제, 조부모도 암으로 사망했다.

베일리 씨는 자택에서 떨리는 목소리로 다음과 같이

호소했다.

"어렸을 때 보이스카우트 활동을 했고, 국가가 하는 말을 믿고 국기에 경례하며 애국적인 시민이 되려고 노력했다. 나는 좋은 미국 시민이었다. '악의 공산주의를 막아라', '공산주의를 따를 바에야 죽는 것이 낫다', 학교에서도 그렇게 배웠다. 국가는 우리가 안전하다고 했으며, 나는 그것을 믿었다. 그러나 사실은 전혀 다르다는 것을 깨닫고 충격을 받았다."

"나는 농부로서 옥수수를 재배하고 소, 돼지, 닭을 키우며 '생명'을 길러내는 일을 해 왔다. 그러나 그러한 음식들도 실제로는 방사능에 오염되어 있었다. 방사능은 보이지 않고 냄새도 없고 맛도 없다. 그리고 병의 증상이 나타나기까지 일정한 시간이 걸린다. 그야말로 생물무기다."

베일리 씨는 말을 이어나갔다. "세계는 왜 핵무기 같은 것을 만들었을까. 이해할 수 없다. 미친 짓이다. 핵무기를 만들기 위해 자신과 가족의 건강을 망가뜨렸다. 우리도 미국의 피폭자다."

베일리 씨는 히로시마와 나가사키를 방문한 적이 있다. 2018년 핸포드 지역을 방문한 나가사키의 피폭자들과 교류하기도 했다. "일본에 가서 ABCC(미국이 원폭 투하 후 히로시마, 나가사키에 설치한 원폭피해조사위원회, 현 방사선영향 연구소)가 피폭자들의 치료보다 암 등의 연구에 몰두했다는 것을 알게 되었다. 미국의 피폭자들에게 했던 것과 같다고 생각했다."

베일리 씨는 후쿠시마 원전사고에 대해서도 언급했다. 그는 "이곳 주민들과 수도 워싱턴 사람들은 전혀 다른 세계에 살고 있다. 후쿠시마가 우리의 문제로 와 닿았다. 후쿠시마에서도 10~15년 뒤 암에 걸리는 사람이 늘어날 것이다"라고 분개했다.

폭로된 방사능 유출 문제

오랫동안 비밀로 유지되어 왔던 핸포드 핵시설의 방사능 유출 문제를 처음으로 세상에 알린 사람은 현지 신문 기자였던 카렌 스틸 씨(77세)다.

레이건 행정부가 핵군비 확장을 추진했던 1984년, 한 통의 전화가 스틸 씨에게 걸려 왔다. 전화의 주인공은 핵시설의 직원이었다. 방사능 유출이 의심된다는 내부고

발이었다. 곧이어 시설에서 플루토늄 40kg이 분실된 의혹에 대해 연방수사국(FBI)이 조사하고 있다는 문건을 입수하여 보도했다.

그러자 암이나 갑상선 장애 등의 증상을 앓고 있는 '핸포드 바람이 부는 지역 주민들'로부터 전화와 편지가 잇따랐다. 베일리 씨도 그중 한 명이다. 그는 스틸 씨에게 '죽음의 1마일' 주변을 안내하며 주민들의 건강피해를 기록한 '죽음의 지도'를 보여주었다. 1950~60년대에 방호복 같은 옷을 입은 사람들이 농가를 찾아와 죽은 가축과 그 우유를 조사했다는 증언도 했다. 언론의 반응은 뜨거웠다.

스틸 씨는 환경단체와 협력하여 에너지부에 정보공개를 청구했다. 1986년에는 19,000페이지에 달하는 기밀문서가 공개되었다. 스틸 씨의 기사를 포함한 여러 현지 신문보도가 정부에 압력으로 작용했다고 한다. 문서의 열람을 진행하자, 미국 정부가 1949년 이 시설에서 대량의 방사성물질을 고의로 대기 중에 방출하는 '인체실험'을 진행했다는 사실이 밝혀졌다. '그린 런(Green Run) 실험'이라고 이름 붙여져 있었다. 1944~1957년 13년 동안 공기 중으로 방출된 방사성물질의 양은 스리마일섬 원전

1980년대 현지 신문기자로 핸포드 핵시설을 방문했던 카렌 스틸 씨(가운데). 그는 취재에서 "우리는 핵의 바람이 부는 지역 주민의 역사를 기억해야 한다. 이 땅에도 알려지지 않은 핵군비 경쟁의 피폭자가 있었다는 것을"이라고 말했다(제공: 카렌 스틸 씨).

사고의 수천 배 이상에 달한다는 충격적인 내용이었다고 한다.

　1986년 구소련 체르노빌 원전사고가 발생한 이듬해인 1987년에 핸포드 핵시설은 가동을 중단했다. 1990년대 이후 암이나 갑상선 장애 등의 증상을 앓고 있는 주민 약 5,000명이 사업 시공사 측을 상대로 소송을 제기했다. 그러나 재판에서는 방사능과의 인과관계가 인정되지 않았고, 많은 사람들이 재판이 끝나기 전에 사망했다. 주변의 대기, 지하수, 토양, 하천은 오염되었다.

　스틸 씨는 "나가사키형 원폭의 플루토늄을 제조한 핵

시설은 전후에도 소련이라고 하는 새로운 적과의 핵군비 경쟁의 거점으로 계속 남아 있었다. 직원들은 원자력 과학을 자랑스러워했고 경제적으로도 풍요로웠으며 문제가 생겨도 입을 다물었다. 그러나 체르노빌 원전사고가 발생하면서 같은 종류의 사고가 핸포드에서도 일어날 수 있다는 우려가 커졌다. 직원들은 '일자리를 잃게 될 것'이라고 아우성이었지만 가동이 재개되지는 않았다. 핵을 둘러싼 폐쇄적인 시스템이 외부의 견제를 막아 오랫동안 문제가 드러나지 않았다"고 회고했다.

또한 스틸 씨는 다음과 같은 생각을 밝혔다. "핵무기 기득권층은 의회서든 어디서든 큰 힘을 가지고 있고 그것을 계속 유지하려고 한다. 핸포드의 주민들이 제대로 된 보상을 받지 못하는 것은 바로 이 때문이다. 우리는 핵의 바람이 부는 지역 주민의 역사를 기억해야 한다. 핵무기를 제조한 '위대한 과학자'뿐만 아니라, 그로 인해 상처 입은 사람들의 이야기를 계속 이어가야 한다. 원폭이 투하된 일본의 피폭자뿐만 아니라, 이 땅에도 알려지지 않은 핵군비 경쟁의 피폭자가 있었다는 것을."

피폭의 기억을 계승하다

2015년 미국에서는 원폭 개발 '맨해튼계획'과 관련된 시설 3곳이 국립역사공원으로 지정되었다. 핸포드 핵시설에서 플루토늄 제조에 사용된 'B원자로', 뉴멕시코주 로스알라모스에 위치한 원폭 설계와 개발이 이루어진 건물, 테네시주 오크리지의 우라늄 농축에 사용된 건물 등이 그것이다. 보존을 요구하는 목소리에 시설을 소유한 에너지부장관과 국립공원을 관할하는 내무부장관이 이에 동의하고 서명했다. B원자로 등이 일반인에게 공개된 것이다.[34]

이러한 정부의 움직임에 대해 같은 해, 건강피해를 호소하는 주변 주민들이 핵개발 희생자의 역사를 전하기 위해 NGO 코어(CORE: Consequences of Radiation Exposure=방사선 노출의 결과)를 출범시켰다. 그리고 원폭이 투하된 히로시마와 나가사키, 원전사고가 발생한 후쿠시마, 미국이 수폭실험을 감행한 마셜제도 피폭자들과의 연대를 위해 '피폭박물관' 설립을 목표로 기부와 자료제공을 요청했다. 관계자에 따르면, 우선 국내외 피폭자와 피폭 2세, 3세 등을 포함한 증언 등을 소개하는 웹사이트를 만들기 위해 계속 논의 중이다.

핸포드 핵시설 기술자의 딸이자 법률가인 트리샤 프리티킨 씨(71세)는 이 NGO의 핵심멤버 중 한 명이다. 핸포드 핵시설에서 만들어진 플루토늄이 사용된 것은 나가사키 원폭만이 아니다. 히로시마, 나가사키 원폭 투하 직전, 뉴멕시코주 트리니티 사이트에서 진행된 세계 최초의 핵실험에 사용되었고 태평양에서 진행된 수폭실험에도 사용되었다.

프리티킨 씨는 "갑상선 장애나 암 등의 증상은 핸포드 이외에도 핵실험이나 생산시설, 수폭실험이 행해진 마셜제도 등의 주민들에게도 반복적으로 나타나는 질병 패턴이다. 1944년 가동된 핸포드 핵시설은 조용한 곳에 지어져 다른 버섯구름의 핵실험과는 달리 (핵 피해실태는) 눈에 보이지 않았다"고 한다.

프리티킨 씨의 부모님은 모두 갑상선암으로 세상을 떠났다. 오빠도 생후 얼마 되지 않아 죽었다. "통상 장기간 저선량 피폭자는 병이 발명할 때까지 잠복기가 있다. 나의 경우는 아주 취약한 나이인 10살까지 (핸포드 인근 마을인) 리치랜드에서 살았기 때문에 방사능에 노출되었다"고 말했다. 10대가 끝날 무렵 심각한 체중의 증감, 위장장애, 만성피로에 시달리다 생리가 한때 멈추기도 했다.

두 아이를 낳았지만 아이들 역시 건강상의 문제를 가지고 있고, 갑상선암이 의심된다는 진단을 받고 절제수술을 받았다.

프리티킨 씨도 사업 시공사를 상대로 핸포드 핵시설 바람이 부는 지역 주민 약 5,000명이 제기한 소송에 동참했지만, 대부분 건강피해와 방사선 피폭의 인과관계를 인정받지 못했다.

프리티킨 씨는 "내가 핵시설 바람이 부는 지역 주민들의 이야기를 세상에 알리지 않으면 잊혀지고 만다"라고 생각했기 때문에, 같은 처지의 주민 25명을 직접 만나 이야기를 듣고 그들의 목소리를 담은 저서 『The Hanford Plaintiffs』(핸포드의 원고들, 2020년)를 출간했다. 캘리포니아주에 사는 프리티킨 씨는 사비를 들여 한 사람씩 찾아다니며 그들의 목소리에 귀를 기울였다.

프리티킨 씨는 다음과 같이 밝혔다. "'핵시설 바람이 부는 지역 주민'이 무엇을 의미하는지조차 주변에서 이해하지 못해 고립감을 느끼는 사람들이 많다. 서해안 북부 외에 핸포드가 어디에 있는지도 잘 알려져 있지 않다. 나의 책이 지역 내 여러 대학 강의에서 사용되고 있어 이 문제를 전혀 몰랐던 많은 학생들이 충격을 받는다. 그러나 많은 젊은이들은 핵문제를 심각하게 생각하지 않는다. 많은 오염제거 작업자들이 핸포드에서 일하고 있고, 그중 일부는 이미 병에 걸려 새로운 '바람이 부는 지역 주민' 피해자가 될지도 모를 위험에 처해 있는데도 말이다. ……."

1980년대부터 시설 감시활동을 추진해 온 NGO '핸포드 챌린지'의 대표이자 변호사인 톰 카펜터 씨는 냉전 시기인 1960년대에 자라 핵전쟁에 대한 두려움으로 대피 훈련에 참가한 경험이 있다. 그는 "도시에 핵폭탄이 떨어졌을 때를 대비해 어린 시절 책상 밑으로 숨었다. 버섯구름과 핵폭발 영상을 보고 무서움을 느꼈다"고 어린 시절을 회상했다.

카펜터 씨는 로스쿨을 졸업하고 변호사가 된 이후 핸포드 문제를 본격적으로 다루기 시작했다. "많은 노동자들이 호흡기를 보호하기 위한 충분한 보호장비를 갖추지 않은 채, 탱크에서 누출된 화학물질을 흡입하여 오랜 기간 건강을 해치고 사망한 사람도 있다"고 호소했다.

핸포드 핵시설 주변에는 토양과 지하수의 오염제거, 그리고 핵무기 개발에 사용된 원자로 폐로를 위해 미 에너지부 계약업체 직원 약 1만여 명이 일하고 있다. 오염제거 작업은 핵시설 플루토늄 생산이 중단된 이후인 1989년부터 계속되고 있지만, 지하에 있는 177개 탱크에 저장된 대량의 고준위 방사성 액체폐기물은 그대로 남아 있다.

카펜터 씨는 "오염제거는 진행되지 않았다. 미국 국민이 낸 거액의 세금이 오염제거에 쓰이고 있지만, 고준위 방사성 액체폐기물은 전혀 처리되지 않고 있다. 우리 활동의 핵심은 노동자와 지역 주민, 환경 그리고 미래를 짊어질 세대를 지키는 것이다"라고 강조했다.

이웃 마을에서는 핵무기에 대한 친근감도

그러나 핵시설로 인한 건강피해가 문제시되더라도 이 지역에서 원폭이나 핵무기에 대한 부정적인 목소리는 크지 않다. 베일리 씨가 문제를 고발하자 "지역의 수치다. 쓸데없는 말을 기자에게 하지 말라", "죽이겠다"는 항의와 협박전화가 잇따랐다.

도대체 왜 그럴까. 이 지역의 실상을 알아보기 위해 나는 핸포드의 이웃 마을인 리치랜드에 있는 한 고등학교를 방문했다.

학교 건물 벽에 크게 그려진 버섯구름 그림과 'BOMB-ERS'(폭격기)라는 글자가 눈에 들어왔다. 예전에 일본 피폭자가 이곳을 방문하여 고등학생, 주민들과 원폭에 대해 이야기를 나눈 적이 있었지만 평행선을 달렸다고 한다.

근처에 '아토믹 에일'(원자력 맥주)이라는 이름의 펍이 있었다. 가게에 들어서자 '아토믹 셰프 샐러드', '맨해튼계획', '원자로' 등의 이름이 붙은 피자가 메뉴에 있었다. 현지에는 '전쟁을 종식시킨 원폭을 만들었다'는 자부심이 강해 핵무기에 대한 거부감이 희박하기는커녕 오히려 친근감을 느끼는 사람들도 많다.

나가사키 피폭자 모리구치 미쓰키 씨가 2018년 3월 리치랜드를 처음 방문했다. 동행한 사람들은 "모리구치 씨는 고등학교에서 버섯구름 그림을 보고 힘들어했다. 학생들에게 피폭 경험 등을 이야기하면 이해하는 사람도 있었지만 거부감을 보이는 사람도 많았다"고 회고했다.

전 리치랜드 시장 존 폭스 씨(92세)도 피폭자들의 호소를 선뜻 받아들이지 못한 사람 중 한 명이다. 취재에서 그가 꺼낸 첫 마디는 다음과 같다. "두 발의 원폭이 전쟁을 끝내준 덕분에 나는 징집을 피하고 대학에 들어갈 수

위: 핸포드의 이웃 마을 리치랜드 지역 고등학교 외벽에 그려져 있는 버섯구름 심벌마크(2021년 2월 20일, 필자 촬영)
아래: 리치랜드 간선도로변에 있는 '아토믹 에일'(원자력 맥주)이라는 이름의 펍(2021년 2월 20일, 필자 촬영)

있었다. 미국이 일본 본토를 침공했다면, 미일 양측의 많은 사람들이 죽었을 것이고 나도 죽었을 것이다. 원폭은 끔찍한 형태로 많은 사람들의 목숨을 앗아갔지만 내가 그렇게 되는 것을 피한 것은 행운이었다." 폭스 씨는 이 도시를 방문한 나가사키 피폭자 모리구치 씨와도 만났다. 모리구치 씨의 피폭 경험을 듣고 나서도 폭스 씨는 이와 같이 발언한 것이다. 즉 자신의 생각은 바뀌지 않았다고 한다.

폭스 씨는 핸포드 핵시설의 기술자로 40년 이상 일한 이후 6년간 리치랜드 시장을 역임했다. 현재 5만여 명이 리치랜드에 살고 있다. 원래 정부가 소유하고 있던 땅과 건물을 냉전 초기 주민들에게 할당했다. 핵개발이라는 국책이 추진되면서 주민 대부분이 핵시설이나 관련 회사에서 일하는 '핵의 성곽도시'가 되었다.

폭스 씨는 "핵시설은 지역의 경제적 번영에 이바지했다. (시설 폐쇄 후) 시장으로서 경제의 다변화를 추진해 왔다"고 강조했다. 방사능 유출과 주민들의 건강피해에 대해 묻자 폭스 씨는 "시설은 제2차 세계대전 당시 급하게 지어져 방사능문제를 잘 알지 못했다. 오염제거를 좀 더 빨리 시작했더라면 좋았을 텐데……. 그러나 내가 알기로 심각한 사고가 한 번 정도 있었고, (직원) 한 명이 다친 정도였다. (건강피해를 호소하는 주민들은) 원래 몸이 약했던 것 같다. 특별히 뚜렷한 인과관계는 없다고 생각한다"고 답했다.

마지막으로 나는 폭스 씨에게 "미국과 세계를 위해 핵무기가 필요하다고 생각하느냐"라고 물었다. 그는 "이미 우리는 핵무기를 가지고 있다. 모든 핵보유국이 핵폐기에 동의하지 않는 한 어느 한 나라가 먼저 핵을 포기할

"두 발의 원폭이 전쟁을 끝내준 덕분에 나는 징집을 피하고 대학에 들어갈 수 있었다. 역사적으로 중요한 역할을 해 온 핸포드가 자랑스럽다"고 말하는 존 폭스 전 리치랜드 시장(2021년 2월 20일, 필자 촬영)

리는 없다. 다른 나라를 100% 신뢰할 수 없다"라고 대답했다. 그리고 "핸포드는 전시 중 플루토늄의 주요 생산 거점이었고, 냉전 시기에는 미국과 소련의 치열한 생산 경쟁의 장이었다. 역사적으로 중요한 역할을 담당해 온 핸포드가 나는 자랑스럽다"고 덧붙였다.

소외된 핵대국의 피폭자

지금까지 전 세계에서 2,000회 이상의 핵실험이 실시되었다. 그중 가장 많은 것이 미국으로 1,100회 이상에 달한다. 그중에서도 상당수가 네바다주 라스베이거스 북서쪽 사막에 있는 네바다 실험장에서 900회 이상 실시

되었다. [35)]

미국 정부는 안전성을 강조해 왔지만, 네바다 실험장에서 바람이 북동쪽으로 불 때만 실험을 실시했다. 이 때문에 바람이 불어가는 쪽에 있는 아메리카 원주민 거주지와 몰몬교 성지 마을에 방사성물질이 포함된 '죽음의 재'가 뿌려졌다. 즉 라스베이거스, 샌프란시스코, 로스앤젤레스 등 대도시에는 영향이 미치지 않도록 한 것이다.

1946~1958년 동안 미국은 제5후쿠류마루가 피폭된 것으로 알려진 마셜제도의 비키니환초와 에니웨토크환초에서 총 67차례 핵실험을 실시했다.

핸포드 핵시설 외에도 트리니티 사이트 등 각지의 핵시설이나 핵실험장이 있는 지역 주민들이 건강피해를 호소하고 있다. 핵강국인 미국은 사실상 '피폭 대국'이라는 일면도 있는 것이다. [36)]

그럼에도 불구하고 미국 내 피폭자의 존재는 거의 알려지지 않았다. 히로시마 출신 피폭 2세 시카고 듀폴대학 미야모토 유키 교수는 핵시설이나 핵실험장이 있는 지역은 원자력이 주요 산업이며, 주민들이 경제적으로 의존하고 있어 피해를 호소하지 못하는 경우가 많다고 지적한다.

미야모토 교수는 저서 『왜 원폭은 악이 아닌가: 미국의 핵 의식(なぜ原爆が悪ではないのか：アメリカの核意識)』(岩波書店)에서 "핵무기 피해자는 '미국 밖'의 존재, 즉 '타자'로 여겨져 '국민들의 이야기'에서 배제되어 왔다. 그렇기 때문에 그 많은 핵실험을 자국에서 실시해 놓고도, 핵실험은 타국의 공격을 피하기 위한 것이라는 근본적인 문제가 전도된 '핵억지론'이라는 이야기가 지지를 받고 있다"고 주장했다.[37]

리치랜드 고등학교의 버섯구름 심벌마크가 보여주듯, 핵시설 주변에서는 원폭과 핵무기 제조가 미화되어 '나라를 지킨 자랑'으로 회자되고 있다. 군을 비판하는 것은 '애국심 부족'으로 간주된다. 군과 원자력에 의해 발전된 도시라면 더욱 피해를 호소하기 어렵다.

미야모토 교수는 미국에서 방사능피해가 거론되지 않는 것은 "'핵억지론'이라는 국책을 근본적으로 뒤집어버리기 때문이다"라고 지적했다. "핵억지론은 자국민에게 막대한 피해를 주고 있다는 사실을 무시해야 성립된다"는 분석이다.

미야모토 교수는 취재에서 "'총이 있으니 총으로 예방한다'는 미국 사회의 논리가 핵무기에도 적용되고 있다.

미국은 자신들이 핵무기를 가지는 것은 좋지만 북한이나 이란은 안 된다고 말한다. 핵무기 자체의 선악을 따지는 것이 아니라 누가 사용하느냐의 문제로 간주한다. '미국은 민주주의와 자유의 나라이기 때문에 괜찮다'고 자국을 신뢰하고 있다. 아직도 핵무기를 과학의 힘의 도달점으로 여기거나 '핵무기 덕분에 미국을 지켜 왔다'고 말하기도 한다"고 밝혔다.

그리고 "미국에서는 핵무기 보유와 피폭문제가 분리되어 왔다. 보유하고 있기 때문에 공격당할 수 있고 보유함으로써 피폭자가 발생하는데, 그 점을 보지 못하고 있다"고 덧붙였다.

"핵무기를 보유하지 않으면 자신들이 피해를 입게 된다"

미국 저널리스트 존 허시는 원폭 투하 9개월 후인 1946년 5월, 히로시마에 들어가 원폭에서 살아남은 고(故) 다니모토 기요시 목사를 비롯하여 의사, 전쟁으로 남편을 잃은 여성 등 6명의 피폭자를 취재했다. 원폭 투하 후의 히로시마와 방사능피해에 대한 실상을 폭로한 르포

'히로시마'는 1946년 8월『뉴요커』잡지에 실려 세계 각국에서 베스트셀러가 되었다.

출판된 지 75년이 지난 2021년, 보도 뒷이야기를 담은 논픽션『히로시마를 폭로한 남자: 미국인 저널리스트, 국가권력에 대한 도전(ヒロシマを暴いた男 米国人ジャーナリスト、国家権力への挑戦)』(일본어판, 集英社)이 출간되었다. [38) 저자 레슬리 블룸은 캘리포니아주에 거주하는 저널리스트이다. 그는 취재에서 "허시는 일상생활을 누리던 평범한 사람들에게 무슨 일이 일어났는지 극명하게 묘사했다. 가족과 함께 있던 사람, 출근길이었던 사람, 조간신문을 읽던 사람……. 사람들이 어떠한 피해를 입고 목격하고 살아남았는지 상상을 초월한다. 허시의 '히로시마'는 원폭피해의 실상을 밝혀 핵전쟁을 막아 왔다"고 말했다.

허시보다 먼저 원폭 투하 직후 히로시마에 들어간 해외 기자들도 있었다. 그러나 미국 정부는 방사능피해에 대한 보도를 통제했다. 일본 내에서도 점령하 연합군총사령부(GHQ)의 검열이 있었고 히로시마, 나가사키의 원폭피해에 대한 취재와 보도는 통제되었다. 그러한 상황에서 피폭자의 증언에 귀를 기울여 피해의 생생한 실상을 세계에 알린 것은 허시가 처음이다.

『뉴요커』 편집부는 오랜 논의 끝에 게재 직전 기사를 검열했다. 맨해튼계획으로 불리는 미국의 원자폭탄 개발을 지휘한 레슬리 그로브스 장군은 약간의 수정을 지시한 뒤 출판을 허가했다. 도대체 그는 왜 출판을 허가했을까.

이에 대해 블룸 씨는 "허시와 편집부는 그 기사가 나오면 사람들이 '다시는 반복해서는 안 된다'고 인식하고 핵무기 지지를 중단할 것이라고 생각했다. 반면 그로브스 장군 등은 미국인들이 기사를 읽고 '자신들을 지키기 위해 더 강력한 핵무기를 개발하지 않으면 다음에는 자신들이 피해를 입게 된다'고 생각할 것이라고 판단했다. 양측에 인식의 차이가 있었던 것이다"라고 견해를 밝혔다.

허시의 작품을 어떻게 읽을지는 사람마다 다르겠지만, '강력한 핵무기를 보유하지 않으면 다음에는 자신들이 끔찍한 피해를 입게 된다'는 심리가 미국인들에게만 국한된 것은 아닐 수도 있다.

러시아의 침공을 받은 우크라이나는 냉전 이후 한때 '세계 제3의 핵보유국'이었지만, 1994년 체결한 각서에서 수천 발의 핵무기를 러시아에 넘기고 비핵보유국이 되었다. 당시 우크라이나는 핵무기를 사용할 권한도 능력도 없었지만, '핵무기를 포기했기 때문에 침략을 초래했다'는 시각이 전 세계로 퍼져나갔다. 일본에서도 고(故) 아베 신조 전 총리를 비롯한 일부 정치인들이 그와 같은 논리로 미국의 핵무기를 일본에 배치하여 공동으로 운용하는 '핵공유'론을 주장하고 나섰다.

전미국시장회의의 도전: 변화는 지자체로부터

아직 미흡하지만 미국 시민사회에 핵문제를 둘러싸고 군축과 핵폐기를 향한 움직임이 일어나고 있다.

미국 내 인구 3만 명 이상의 1,400여 개가 넘는 도시로 구성된 '전미국시장회의'는 2021년 8월, 미국 정부에 핵무기금지조약을 환영하고 핵폐기를 위한 즉각적인 행동을 촉구하는 결의안을 만장일치로 채택했다.

연례총회에서 채택한 결의는 "핵무기금지조약에 대한 반대를 철회하도록 검토하고, 핵무기 없는 세상 실현을 향한 합의 형성을 위한 긍정적인 단계로서 환영해줄 것을 호소한다"는 내용을 담았다. 미국의 핵전력 현대화 계획을 중단하고 그 재원을 인프라 정비나 빈곤문제, 기후

위기 등에 충당할 것도 요구했다.

전미국시장회의는 2004년 이후 핵무기 폐기에 찬성하는 결의를 거듭해 왔다. 결의에 법적 구속력은 없지만 미국 정부와 시민들에게 보내는 분명한 메시지가 되었다. 다른 7개 도시와 공동으로 결의를 제안한 아이오와주 디모인시 프랭크 카우니 시장 등에 따르면, 이 결의는 국제문제를 다루는 위원회에서 두 명의 시장이 반대하여 조금 수정을 가했다. 이후 20명 이상이 참여하는 연례총회 임원회에서 만장일치로 채택되었다.

카우니 시장은 취재에서 "우리는 오랫동안 (핵폐기를 위해) 노력해 왔지만 핵전쟁의 위험은 점점 더 커지고 있다. 미러, 미중 간 긴장이 현저하게 고조되어 핵무기에 의한 충돌이 일어날 가능성도 있다. 그러나 이러한 위험에 대한 시민들의 인식은 미흡하다. 대부분의 미국인들은 핵무기금지조약에 대한 인식조차 없고 핵무기 위협을 이해하고 있는 것 같지도 않다"고 지적했다.

그리고 결의의 의의에 대해서는 "가장 큰 목소리를 낼 수 있는 곳은 시민들의 일상과 가장 가까운 지방자치단체다. 신종 코로나와의 싸움에서도 최전선에 있다. 핵문제도 지방자치단체가 나서야 한다"고 강조했다. 결의에 따라 각 시장들은 각 주에서 선출된 상·하원 의원과 연방정부를 압박할 뜻을 밝혔다.

전미국시장회의는 2022년 6월 핵폐기를 목표로 세계 8,200개 이상의 도시가 참여하는 국제 NGO '평화수장회의'(사무국·히로시마시)의 1만 도시 가입목표 달성을 지원하고 있으며, 또한 전미국시장회의 회원 도시에 평화수장회의 가입을 요청하는 결의도 채택했다.

미국 최대 도시 뉴욕시 의회는 2021년 12월 미국 정부에 핵무기금지조약 지지와 가입을 촉구하는 결의를 찬성 다수로 가결했다. 결의는 제2차 세계대전 당시 원폭이 개발된 '맨해튼계획'의 시작이 뉴욕이라는 점을 언급하며, "핵무기 사용과 실험 등으로 인한 모든 피해자와의 연대를 표명할 무거운 책임이 있다"고 밝혔다.

또한 결의는 "히로시마, 나가사키에 투하된 원폭이 20만 명 이상을 살해한 후에도 수십만 명이 핵무기 실험으로 인한 방사능에 노출되어 왔다. 피폭자와 핵실험의 영향을 받은 사람들의 고통은 견디기 어려운 것이다"라고 강조하고, "어떤 상황에서도 핵무기가 다시 사용되지 않도록 보장하는 유일한 방법은 핵폐기다"라고 단언했다. 아울러 시 회계감사관에게 시 공무원의 연기금 투자를 핵무기 관련 기업으로부터 회수할 것 등도 요구했다.

이 결의를 뒷받침한 것은 2017년 노벨평화상을 수상한 국제 NGO·핵무기폐기국제운동(ICAN)이 전개해 온 핵무기금지조약에 대한 '도시들의 호소'(Cities Appeal) 운동이다.

이 운동은 핵무기가 사용되면 피해 우려가 큰 도시부터 조약에 참여할 것을 자국 정부에 요구하도록 하는 활동이다. ICAN에 따르면, 2022년 1월 시점 19개국 524개 도시가 이 호소에 찬성했다. 히로시마, 나가사키 두 도시를 비롯해 미국의 수도 워싱턴, 로스앤젤레스, 파리, 베를린, 바르셀로나, 시드니, 밴쿠버 등 세계적인 대도시가 이 운동에 참여하고 있다.

미국 시민사회에도 변화의 조짐이

오바마 대통령이 히로시마를 방문하기 전년인 2015년, 미국 퓨리서치센터가 실시한 여론조사에서 미국 시민의 56%가 '원폭 투하를 정당화할 수 있다'고 답했고, '정당화할 수 없다'고 답한 사람은 34%였다. 1991년 다른 조사에서는 '정당화할 수 있다'고 답한 사람이 63%였기 때문에 감소한 것은 사실이다. 세대별로는 65세 이상에서 70%가 '정당화할 수 있다'고 답했고, 18세에서 29세에서는 47%로 나타났다.

미국 역사학자 가 알페로비츠는 1995년 저서 『원폭 투하 결정의 내막: 비극의 히로시마, 나가사키(原爆投下決斷の內幕:悲劇のヒロシマナガサキ)』(일본어판, ほるぷ出版)에서 일본 원폭 투하가 군사적으로 필요하지 않았다고 주장한 것으로 유명하다. 그는 취재에서 "미국에서는 젊은 세대일수록 원폭 투하를 정당화할 수 없다고 생각하는 사람이 많아지고 있고, 그 경향은 더욱 강해지고 있다"고 말했다.

그 이유에 대해서는 "우선 제2차 세계대전을 경험한 참전용사 중 상당수가 사망했다. 이라크, 아프가니스탄 등의 경험을 통해 전쟁 일반에 대한 혐오감이 커지고 있다. 젊은 세대들은 지금의 정치지도자들에게도 회의적이다. 대학 교수들은 이전보다 원폭 사용에 대한 양면성을 이야기하기 시작했다. 원폭 투하를 둘러싸고 여전히 논쟁이 있지만, 이전보다 훨씬 열린 논의가 가능해졌다"고 지적했다.

앞서 언급한 미야모토 유키 듀폴대학 교수는 윤리학 강의를 맡아 '원폭문제', '핵의 시대' 등의 수업을 15년 이상 가르쳐 왔다. 2022년 봄, 처음으로 지역 학교 선생님들과 협력하여 초등학교 6학년을 대상으로 원폭에 대한 수업을 시도했다. '대학에서 가르치면 늦다'는 생각이 들었기 때문이라고 한다.

아이들은 원폭에 관한 신문기사나 에세이 등을 미리 읽어와 '원폭을 투하해야 했는가' 등에 대해 조별 토론을 벌였다. '민간인을 표적으로 떨어뜨려서는 안 된다'는 등의 반대의견이 많았지만 '일본군은 잔인했다'는 등의 이유로 찬성하는 목소리도 있었다고 한다.

미야모토 교수는 "학생들의 질문은 날카롭고 신중했다. 선생님들도 문제의 뿌리가 얼마나 깊은지 잘 알고 있기 때문에 그와 같은 수업을 계속해 나가고 싶다는 의사를 표명했다"고 회고했다.

핵무기는 환경과 인류를 위협하는 문제이기도 하다. 2022년 8월 미국 럿거스대학교 등 몇 곳의 연구팀은 핵전쟁이 일어나면 폭발로 인해 대기 중에 흩어진 분진이 태양을 가려 기온이 떨어지는 '핵겨울'이 발생하며, 최악의 경우 50억 명 이상이 아사할 것이라고 추정했다.

미야모토 교수는 "시민의 의식이 바뀌면 제도도 바뀐다. 미국에서는 정부를 움직이려는 풀뿌리 시민활동이 많다. (인종차별에 항의하는) 블랙 라이브즈 매터(Black Lives Matter) 운동이나 환경문제와 마찬가지로 핵문제에 대해서도 시민들의 열기가 실제로 정부를 움직여 변혁을 가져올 수 있다"는 희망을 드러냈다.

나가며

　나는 신문사의 해외특파원으로 제일 처음 중동의 예루살렘지국에 부임했다. 팔레스타인 문제를 비롯하여 중동·아프리카 각지의 분쟁이나 내전, 테러 등의 현장을 취재하며 전쟁으로 상처받은 많은 시민들을 만났다.

　이후 세계 제일의 군사대국 미국 워싱턴으로 자리를 옮겨 외교·안보를 담당했다. 특히 핵문제에 대해서는 미국의 움직임이 가장 중요했고 핵정책은 중요한 취재대상이었다. 국방부와 국무부 기자회견이나 싱크탱크 세미나 등에 참석하고, 미국 언론의 기사를 읽는 등 매일의 움직임과 배경을 쫓았다. 국제정치의 중심지인 만큼 방대한 정보가 모였다. 영어가 서툰 탓에 이를 일본어로 번역해 계속 전달하는 데 급급했다.

　그러한 와중에도 나는 현지 특파원이 아니면 할 수 없는 일들 중 두 가지를 생각해냈다. 하나는 미국 정부나 군 고위관계자를 독자적으로 취재하여 1차 정보를 파악하고 전달하는 것이다.

다른 하나는 핵무기 현장을 방문하고 르포 형식으로 보도하는 것이다. 핵무기 현장 르포는 일본어로 나와 있는 것이 거의 없으며, 영어 매체에서도 찾아보기 힘들기 때문에 독자들의 흥미와 관심에 부응할 수 있을 거라는 기대도 있었다. 일본에서 다루어지는 것과는 다른 시각에서 '핵무기가 있는 세상'의 현실을 알리고 싶었다.

핵무기를 둘러싼 일련의 취재를 통해 확인한 것은 이 책에서 지금까지 소개한 바와 같이, 냉전 시기부터 변하지 않은 시설이나 장비도 있어 노후화문제를 안고 있다는 점, 휴먼에러를 포함한 중대 사고가 반복되고 있다는 점, 상대가 핵공격을 가했다는 오경보나 사이버공격에 대한 보복공격이 핵전쟁으로 발전할 우려가 있다는 점, 핵기지가 표적이 되어 시민들이 휘말릴 위험이 있다는 점 등이다.

그럼에도 불구하고 핵무기는 왜 계속 필요한 것일까. 미국 정부와 군 등은 엄중한 안보환경 속에서 핵보유국인 미국, 러시아, 중국 등 '강대국 간 경쟁'이 치열하다는 것을 이유로 든다. 바이든 행정부는 '핵태세 검토보고서'(NPR)에서 "미국은 2030년대까지 역사상 처음으로 두 핵대국과 마주하게 될 것이다"라고 강조했다. 국가 존망이 걸린 국면에서 반드시 필요한 선택지를 계속 보유하겠다는 안보상의 확고한 의지가 담겨 있다. 그렇기에 핵보유국들은 지금 핵무기 현대화 경쟁을 벌이고 있는 것이다.

그러나 나는 미국 정부 관계자와 군 고위관리들에 대한 일련의 취재를 통해 단지 그뿐만이 아니라는 것을 느꼈다. 재래식 무기와는 차원이 다른 위력의 핵무기, 그 절대적인 힘을 보유함으로써 '강한 나라'가 될 수 있다는 국제정치상 핵보유국의 '신념'이 있는 것 같다. 군산복합체의 이권과 기업의 성곽도시, 핵기지의 지역자치단체 등이 핵무기에 의존하고 있다는 점도 간과할 수 없다. '강력한 핵무기를 보유하지 않으면 자신들이 피해를 입게 된다'는 사고방식은 77년 전 히로시마, 나가사키 이후에도 변함이 없다. 국가안보정책을 중요시하여 핵무기에 희생될지도 모르는 시민과 군인 등 '인간'에 대한 관점이 경시되기 쉽다는 것도 느꼈다.

러시아 침공 이후 우크라이나 시민들은 "냉전 이후 우크라이나가 핵무기를 포기한 것은 실패였다"는 목소리를 내고 있다. 이는 분명 엄중한 현실을 반영하고 있는 것이다. 러시아가 '핵위협'을 반복하면서 핵전쟁 위협이 가시화되는 가운데, 핵무기를 다시는 사용하지 못하도록 핵억지력 유지·강화가 필요하다는 생각이 힘을 얻고 있다. 동아시아의 안보환경도 엄중해져 유일한 피폭국인 일본에서도 미국의 핵무기를 배치하여 공동으로 운용하는 '핵공유' 논의를 요구하는 목소리가 높아지고 있다. 반면, 지금이야말로 조속한 핵폐기가 필요하다는 목소리도 커지고 있다. 양측의 입장 차이가 깊어지면서 핵군축이 더 이상 진전되지 못하고 있는 것이 현실이다.

나는 '핵무기를 사용한 쪽' 미국에서 '핵무기를 당한 쪽' 히로시마로 전근했다. 냉전 후 30년이 지난 지금도 핵보유국의 뿌리 깊은 핵억지론과 피폭지의 핵폐기 염원의 간극을 메우기가 쉽지 않다. 그러나 핵무기가 사용된 현장인 히로시마에서 만난 세 사람의 이야기가 도움이 될 것을 기대하며 소개하고자 한다.

피폭자 모리 시게아키 씨(85세)는 "핵무기 피해에 국경이나 국적은 상관없다"고 말한다. 2016년 5월 히로시마 평화기념공원에서 오바마 대통령과 포옹하는 모리 씨의 모습이 전 세계에 보도되었다.

1945년 그날, 여덟 살의 모리 씨는 통학 중이었다. 원

"핵무기 피해에 국경이나 국적은 상관없다. 지금 사용되면 전 세계가 엄청난 피해를 입게 된다"라고 말하는 피폭자 모리 시게아키 씨(2022년 11월 6일, 히로시마 자택에서 필자 촬영)

폭 투하 지점에서 2.5km 떨어진 다리 위를 걷고 있을 때 옆의 친구가 "B29다!"라고 외치는 소리에 하늘을 올려다보려는 순간, 폭발로 날아갔다. 폭심지 가까운 쪽에 있던 두 친구는 큰 화상을 입고 숨졌다.

모리 씨는 "수심 30~40cm의 강물에 빠져 양손의 열 손가락을 세려고 했지만 주변이 너무 어두워 셀 수 없었다. 몸이 찢어지고 내장이 튀어나온 사람들이 가득했고, 피투성이가 된 사람들이 숨을 헐떡이며 도움을 요청했다"고 말했다.

폭심지에서 북동쪽으로 약 300m 떨어진 건물 뒤편에 피폭 미군의 위령비가 조용히 자리 잡고 있다. 모리 씨는 전쟁이 끝난 이후 회사를 다니며 원폭피해자 조사를 진행했다. 그러던 중 탑승한 폭격기가 격추되어 일본의 포

모리 시게아키 씨의 제안으로 1998년에 완성된 히로시마시 나카구에 있는 피폭 미군위령비. '이 작은 기념비로 전쟁의 잔혹성이 영원히 새겨지길'이라는 영문이 새겨져 있다(2022년 11월 6일, 필자 촬영).

로가 된 미군 20명이 원폭으로 사망했다는 사실을 알게 되었고 그 유족들과 교류를 이어왔다. 2021년 3월 람 엠마누엘 주일미국대사가 히로시마를 방문했을 때 모리 씨는 폭격기 파편을 건네며, "일본에는 지옥의 폭격기로 왔지만 미국에는 평화의 비둘기가 되어 돌아갔으면 좋겠다"고 전했다. 대사는 "기쁘게 받겠습니다. 미국에 돌아가면 모두에게 보이겠습니다"라고 답했다고 한다.

　모리 씨는 "미국인은 적이라고 생각해 왔는데 같은 사

람이라는 것을 알게 되었다. 전쟁에서 상처받고 슬퍼하는 데에는 적도 아군도 없다. 시대에 뒤떨어진 핵무기 부작용에 대해 더 많은 사람들이 알아야 한다. 지금의 핵무기 위력은 히로시마, 나가사키 원폭보다 훨씬 강력해져 사용되면 전 세계가 엄청난 피해를 입게 된다. 미국인들도 세계인들도 자신의 문제로 생각해주길 바란다"고 강조했다.

미국 소도시에 살고 있는 피폭자들은 보이지 않는 존재가 되어 간다는 점을 7장에서 지적했지만, 핵피해는 인류 공동의 중대한 문제라는 이해가 필요하다. 특히 핵보유국에 이러한 인식을 어떻게 확산시킬 수 있느냐가 관건이다.

피폭자건강수첩을 소지한 피폭자가 2022년 처음으로 12만 명을 밑돌았고, 평균연령은 84세를 넘어섰다. 피폭자가 해마다 줄어드는 가운데 우리는 핵폐기를 위해 무엇을 할 수 있을까.

나는 2007년부터 6년간 히로시마 평화문화센터 이사장을 역임한 스티븐 리퍼 씨(74세)의 중국 산속 고택을 방문했다. 그는 "평화가 패배한 것 같아 무력감을 느낀다.

"핵무기문제를 해결하지 못하면 인류의 미래는 없다"고 말하는 스티븐 리퍼 전 히로시마 평화문화센터 이사장(2022년 9월 3일, 필자 촬영)

핵문제를 해결하지 못하면 인류의 미래는 없다. 적대감이 협력을 불가능하게 만들고 있다"고 심각한 표정으로 말했다.

리퍼 씨는 직접 운전하여 피폭자들을 미국 각지로 데려가 100개 이상의 도시에서 '원폭 전시회'를 개최했다. 그는 핵폐기를 목표로 하는 도시들이 모여 만든 국제 NGO '평화수장회의'의 회원 도시를 3배로 늘린 업적의 주인공이기도 하다. 리퍼 씨는 한 가지 '비책'을 말했다. "지금 핵무기가 실제로 사용될지도 모른다는 두려움에서부터 새로운 움직임이 나올지도 모른다. 대인지뢰금지협약이 만들어진 것은 고(故) 다이애나 왕세자비의 호소가 컸다. 핵문제에 있어서도 여론을 움직여야 한다. 한 가지 희망은 제임스 카메론 감독이다."

세계 역대 최고의 흥행수입을 기록한 영화 '아바

타'(2009년) 등으로 유명한 카메론 감독은 2009년 나가사키를 방문하여 히로시마, 나가사키 양쪽에서 피폭된 고(故) 야마구치 쓰토무를 만나 원폭을 소재로 한 영화제작 구상을 밝힌 바 있다. 리퍼 씨는 최근 원폭 투하를 다룬 저작이 있는 친구인 미국 작가 찰스 페레그리노 씨로부터 "카메론 감독이 원폭을 소재로 한 영화를 조만간 만들기 시작할 것 같다"는 말을 들었다고 한다. 리퍼 씨는 "인종차별문제도 그랬지만 모든 운동은 사람의 고통에서 나온다. 핵무기의 고통은 어느 정도 상상력이 있어야 알 수 있고, 보고 싶지 않은 사람은 무시하기 쉽다. 영화는 우리 (핵폐기) 캠페인의 중심이 될 수 있다"며 기대감을 드러냈다. 인종차별, 환경문제 등과 같이 핵문제에 대해서도 여론의 물결이 미국과 전 세계에서 일어 시민사회가 정치를 움직일 수 있을지 주목된다.

핵폐기와 군축을 위해 노력하는 젊은이들의 주목할 만한 움직임도 늘고 있다.

히로시마시 나카구 여학원고등학교 학생들은 2013년부터 미국 미들베리 국제대학원 제임스·마틴 비확산연구센터(캘리포니아주 몬트레이시)가 주최하는 군축 교육프로젝트에 참여하고 있다. 히로시마시 학생들은 수개월간 전문가들에게 핵군축과 안보에 대해 배우고 준비하여 미국, 러시아 고등학생들과 토론을 벌여 왔다. 대부분의 미국 고교생들은 '현재'의 세계정세에서 핵군축·비확산을 파악하고 있으며, '과거'에 대해서는 냉전 시기까지만 의식하고 있다. 따라서 히로시마 고교생이 피폭의 실상을 호소하면 충격을 받는다고 한다.

히로시마 여학원고등학교를 졸업한 후 미국의 대학에 진학해 현재 미들베리 국제대학원에서 핵 비확산 등을 전공하고 있는 구라미쓰 시즈카 씨(25세)는 "고등학교 3학년 때 프로젝트 준비를 위한 강의에서 '중국의 핵잠수함 (핵미사일) 사거리에 일본이 들어가 있다'고 들었을 때 충격을 받았다. 히로시마에서 자랐기 때문에 원폭에 대해 계속 공부할 생각이었지만, 현재는 그 이상의 위력을 가진 핵무기가 사용될 수 있다는 것을 알게 되어 히로시마의 메시지를 전하는 것만이 아니라, 군축을 위해 노력할 필요가 있다는 것을 분명히 깨달았다"고 말했다.

히로시마에서 평화교육을 받았고 피폭자와도 친분이 많았던 구라미쓰 씨는 미국에서 핵군축과 안전보장에 대해 공부하면서 양자의 간극이 얼마나 큰지 직면했다. 구

히로시마시 나카구에서 열린 젊은이들이 대화하는 행사에 참여한 안토니우 구테흐스 유엔 사무총장(맨 오른쪽)과 사회를 맡은 구라미쓰 시즈카 씨(맨 왼쪽).(2022년 8월 6일, 우에다 준 촬영)

라미쓰 씨는 "미국에서 히로시마의 메시지를 전하려고 하면 '아, 히로시마'라고 선긋기 당했던 경험이 있다. 반대로 히로시마에서 핵군축과 안보에 대해 이야기하다 선긋기를 당한 적도 있다. 양측의 벽을 체감했다. 나는 처음에 핵미사일 이름이나 종류를 공부하는 것에 대해 거부감이 있었다. 핵전략 이론을 배울 때는 피폭자들이 떠올라 공부가 손에 잡히지 않을 때도 있었다. 그러나 지금은 양쪽의 시각을 모두 가져야만 그 간극을 좁힐 수 있다고 생각한다"고 말했다.

핵보유국과 비핵보유국 사이뿐만 아니라 핵보유국들

사이, 비핵보유국들 사이에도 핵무기를 둘러싼 갈등의 골이 깊어지고 있다. 구라미쓰 씨는 "각자의 방식으로 핵무기가 사용되는 일 없이 핵군축이 진행되면 된다. 어느 쪽이 옳다거나, 옳지 않다는 것이 아닌 긍정적으로 생각해야 한다. 장래에 핵군축·폐기를 목표로 하는 국제기구 등에서 그 간극을 메우는 일을 하고 싶다"고 밝혔다.

이 책에서 나는 각지의 르포와 당국자, 전문가들의 증언을 통해 핵무기에 안전보장을 의존하는 위험성을 드러내고자 했다. 우크라이나 위기는 핵보유국의 지도자가 냉정함을 잃고 세계를 파멸시킬 수 있는 위험을 부각시켰다. 궁극적으로 '핵무기 없는 세상'의 실현을 위해 '사용할 수 없는 핵무기' 혹은 '사용하기 어려운 핵무기'에 의한 억지의 의존성을 줄이고, 최종적으로 핵무기를 없애기 위해 재래식 무기에 의한 억지력을 구축할 수 있는 방안은 무엇일까. 미국, 러시아, 중국 등 핵보유국들의 핵전력을 투명화하고 핵군축과 군비통제를 진전시켜 나갈 수 있는 방안은 무엇일까. 핵확산금지조약(NPT)과 핵무기금지조약은 상호 보완될 수 있을까. 미국을 비롯한 핵보유국과 시민들에게 핵무기의 비인도성에 대해 어떻게 전달하고 공감을 얻어낼 수 있을까.

우리 모두가 핵무기와 안보문제를 '자신의 일'로 생각하고 깊이 이해해야 하며, 또한 이를 토대로 구체적인 대안을 제시하며 논의를 심화시켜 나가야 한다고 생각한다. 유일한 피폭국이자 미국의 아시아 최대 동맹국인 일본의 역할이 크다. 나 역시도 향후 취재나 보도를 통해 그러한 논의에 일조하고 싶다.

미국과 일본에서 많은 분들께 도움을 받았습니다. 이 책은 나가사키대학 니시다 미쓰루 교수님의 지도를 받아 집필했습니다. 일본인 기자의 취재에 정중히 응해주신 모든 분들께 감사드립니다. 이 책의 바탕이 된 아사히신문과 아사히신문디지털 연재를 봐주신 국제보도부 스기야마 다다시 데스크(현 유럽 총국장)를 비롯해 많은 선배와 동료들에게 도움을 받았습니다. 이와나미서점의 기요미야 미치코 씨는 이 책의 출판에 힘을 실어주고 정확한 조언으로 완성까지 이끌어주셨습니다. 도움을 주신 모든 분들께 감사드립니다.

2022년 11월

와타나베 다카시

핵을 둘러싼 세계 동향 관련 연표

년.월	미국	세계
1945.7	세계 최초의 핵실험 (트리니티)	
1945.8	히로시마, 나가사키에 원폭 투하	
1949.8		소련의 첫 핵실험. 미소 핵 개발 경쟁 시대의 시작
1952.10		영국의 첫 핵실험
1954.3	비키니섬 수폭실험. 제5후쿠류마루 피폭	
1960.2		프랑스의 첫 핵실험
1962.10	쿠바위기. 미소 핵전쟁 위기	
1964.10		중국의 첫 핵실험
1967.12		사토 에이사쿠 총리의 비핵 3원칙 발표
1970.3		핵확산금지조약(NPT) 발효
1974.5		인도의 핵실험
1976.6		일본의 NPT 비준
1979.3	스리마일섬 원전사고	
1983.12	'미소의 핵전쟁이 기후에 영향을 미쳐 빙하기를 초래한다'는 '핵겨울' 이론 제기	

1985.11	미소 정상 '핵전쟁에 승자는 없다'에 합의하고 공동성명 발표	
1986.4		소련 체르노빌 원전사고
1987.12	미소 중거리핵전력 완전 폐기에 합의, 중거리핵전력조약(INF)에 서명	
1989.12	미소 정상 몰타에서 냉전종식 선언	
1991.7	미소 제1차 전략무기감축협정(START1) 서명	
1991.12		소련 붕괴. 우크라이나 내 핵무기 잔류
1993.1	미러 START2 서명 (발효되지 않음)	
1994.12	미영러 부다페스트 안전보장 각서 서명. 우크라이나 내 핵무기 러시아로 이동	
1995.1	아놀라 게이의 박물관 전시를 둘러싼 격렬한 논쟁, 스미스소니언 박물관 '원폭전시회' 중단	
1995.5		NPT 무기한 연장 결정
1996.7		국제사법재판소 '핵무기 사용과 위협은 일반적으로 국제법 위반'이라는 권고 의견 발표
1996.9		포괄적 핵실험금지조약(CTBT) 유엔에서 채택(미국 등이 비준하지 않아 미발효)

1998.5		인도와 파키스탄, 지하핵실험 실시
2000.5		NPT재검토회의에서 핵보유국들의 '핵무기 폐기에 대한 분명한 약속'이 포함된 최종문서 채택
2003.1		북한, 1993년에 이어 NPT 탈퇴 선언
2006.10		북한의 핵실험. 2017년까지 6차례 실시
2007.1	윌리엄 페리 전 국방장관 등 4인이 '핵무기 없는 세상을' 위한 의견을 미국 잡지에 발표	
2009.4	오마바 대통령 프라하에서 '핵무기 없는 세상을 지향한다'고 연설	
2009.8	공군에 글로벌공격군단 신설	
2010.2	미일 확장억지협의(EDD) 출범	
2010.4	오바마 행정부 '핵태세 검토보고서'(NPR) 발표. 비핵보유국에는 원칙적으로 핵공격하지 않는다는 방침. 미러 신START에 서명. 오바마 행정부는 핵무기 현대화계획 추진 약속	
2010.5		NPT재검토회의에서 64개 항목의 행동계획을 포함한 최종문서 채택
2011.3	한미 확장억제정책위원회 출범	도쿄전력 후쿠시마 제1원전 사고

2013.6	오바마 대통령 베를린 연설. 미 국방부 핵운용전략보고서 발표	
2014.12		빈에서 열린 '핵무기의 인도적 영향에 관한 국제회의'에 미영이 처음으로 참가
2015.5		NPT재검토회의에서 최종문서 채택 실패 '중동비핵지대 구상'에 대한 이견으로 결렬
2015.7		이란 핵합의. 미·영·프·중·러·독과 이란이 체결
2016.5	오바마 대통령의 히로시마 방문	
2017.7		핵무기금지조약 유엔 채택. 핵보유국과 '핵우산' 국가들 대부분 불참
2017.12		핵무기폐기국제운동(ICAN)의 노벨평화상 수상
2018.2	트럼프 행정부 NPR 발표. 저위력 핵무기 개발 명시	
2018.4		중국 중거리탄도미사일 DF26 실전배치
2018.12		러시아 극초음속미사일 '아방가르드' 2019년 실전배치 발표
2019.8	트럼프 행정부 INF조약 탈퇴 결정. 조약 효력 상실	
2019.11		로마 교황 나가사키·히로시마 방문

2021.1	바이든 행정부 출범. 러시아와의 START 5년 연장 결정	핵무기금지조약 발효
2021.8	전미국시장회의가 미국 정부에 핵무기금지조약 지지와 참여를 촉구하는 결의 채택	
2021.12	뉴욕시 의회가 미국 정부에 핵무기금지조약 지지와 참여를 촉구하는 결의 채택	
2022.1	핵보유국 미·영·프·중·러 5개국이 '핵전쟁에는 승자가 없다' 공동성명 발표	

미주

1) Senator Jon Testor's press release (Feb. 13, 2012)https://www.tester.senate.gov/?p=pressrelease&id=1697
2) Union of Concerned Scientists "Rethinking Land-Based Nuclear Missiles" (June 2020)
https://www.ucsusa.org/sites/default/files/2020-06/rethinking
3) https://www.af.mil/About-Us/Fact-Sheets/Display/Article/104465/b-52h-stratofortress/
4) https://www.afgsc.af.mil/About/Fact-Sheets/Display/Article/630716/b-52-stratofortress/
5) Hans M. Kristensen and Matt Korda "United States Nuclear Forces, 2020", Bulletin of the Atomic Scientists, 76⑴https://www.tandfonline.com/doi/full/10.1080/00963402.2019.1701286
6) https://digital.asahi.com/articles/DA3S13700543.html
7) https://digital.asahi.com/articles/ASN5G32P0N55UHBI00K.html(미국 랜드연구소의 제프리 호넌 연구원의 분석)
8) 山下明博(야마시타 아키히로[야스다여자대학, 히로시마대학 평화과학연구센터 객원연구원]「核兵器の運搬手段としての戰略爆擊機の役割」『廣島平和科學』(2017年3月, 38卷)https://ir.lib.hiroshima-u.ac.jp/files/public/4/42941/20170511110655313513/hps3841.pdf
9) U.S. Department of Defense "Narrative Summaries of Accidents Involving U.S. nuclear Weapons 1950-1980" https://www.hsdl.org/?abstract&did=26994
10) 『朝日新聞』「ブロークンアロー 核事故を追う 水爆落下事故, あわや」(2016年2月5日朝刊西部本社版)
11) 『朝日新聞』「水爆落下の村, 戸惑い 米軍機事故から41年, スペインで本格調査」(2007年8月23日朝刊)
12) 『朝日新聞』「放射能汚染の除染, 世界に先例 國際シンポジウム」(2011年10月27日朝刊)
13) https://www.csp.navy.mil/SUBPAC-Commands/Submarines/Ballistic-Missile-Submarines/

14)https://www.csp.navy.mil/About-SUBPAC/subpac-history/

15)長崎大學核兵器廢絶研究センター「米國の核戰力一覽」https://www.recna.nagasaki-u.ac.jp/recna/nuclearl/nuclearlistbn/test/usa201408

16)Congressional Research Service "U.S. Strategic Nuclear Forces: Background, Developments, and Issues" Updated Dec. 14, 2021https://sgp.fas.org/crs/nuke/RL33640.pdf

17)長崎大學核兵器廢絶研究センター「米國の核戰力一覽」https://www.recna.nagasaki-u.ac.jp/recna/nuclear1/nuclearlist202106/usa202106

18)Congressional Research Service "U.S. Strategic Nuclear Forces: Background, Developments, and Issues" Updated Dec. 14, 2021https://sgp.fas.org/crs/nuke/RL33640.pdf

19)ibid.

20)Josh Farley "Kitsap's nuclear legacy: county has grown under its protectors and protesters", Kitsap Sun, August 6, 2020 https://www.kitsapsun.com/story/news/2020/08/05/kitsapsnuclear-legacy-has-protectors-protestors/5502825002/

21)ibid.

22)『朝日新聞』「北朝鮮の核めぐり, 机上演習實施へ米韓, 年內にも」(2011年4月2日朝刊)

23)太田昌克「『日米核同盟化』の進展とその含意」『核と國際政治』(2021年5月,『國際政治』203号)

24)長崎大學核兵器廢絶研究センター「米國の核戰力一覽」https://www.recna.nagasaki-u.ac.jp/recna/nuclear1/nuclearlistbn/nuclearlist201706/usa201706

25)Theresa Hitchens "First 2020 Minuteman III Test Launches As New START Countdown Begins", Breaking Defense, Feb. 5, 2020https://breakingdefense.com/2020/02/first-2020-minuteman-iiitest-launches-as-new-start-countdown-begins/

26)『朝日新聞』社說「米の安保戰略『力の平和』の危うさ」(2017年12月20日朝刊)

27)西田充「米バイデン新政權の核政策」『核兵器禁止條約發效: 新たな核軍縮を目指して RECNA Policy Paper』(2021年1月)https://www.recna.nagasaki-u.ac.jp/recna/bd/files/REC-PP-12.pdf

28)Council for a Livable World의 대선 후보를 대상으로 한 설문조사 결과 https://livableworld.org/presidential-candidates-joebiden/

29)Joe Gould "Biden hit with backlash over removal of Pentagon's top nuclear policy official", Defense News, Sep. 28, 2021https://www.defensenews.com/congress/2021/09/27/biden-hitwith-backlash-over-removal-of-pentagons-top-nuclear-policy-officia1/

30)프린스턴대학 보고서 "PLAN A"https://sgs.princeton.edu/the-lab/plan-a

31)"Projected Costs of U.S. Nuclear Forces, 2021 to 2030", Congressional Budget Office, May 24, 2021https://www.cbo.gov/publication/57240

32)Hans Kristensen and Matt Korda "The 2022 Nuclear Posture Review: Arms Control Subdued By Military Rivalry", Federation of American Scientists, Oct. 27, 2022https://fas.org/blogs/security/2022/10/2022-nuclear-posture-revie w/

33)『朝日新聞』(廣島・長崎・核) 「冷戰, 隱された核汚染 戰後70年・第5部」(2015年7月28日朝刊)

34)『朝日新聞』「米國內のヒバク, 伝えたい 博物館建設めざし NPO」(2015年12月7日夕刊)

35)Reuters Graphics "A tally of nuclear tests", Sep. 22, 2017http://fingfx.thomsonreuters.com/gfx/rngs/NORTHKOREA-MISSILES/010050Y324P/index.html

36)田井中雅人『核に縛られる日本』角川新書(2017年)

37)宮本ゆき『なぜ原爆が惡ではないのか-アメリカの核意識』岩波書店(2020年)

38)レスリー・M・M・ブルーム, 高山祥子譯『ヒロシマを暴いた男 米國人ジャーナリスト, 國家權力への挑戰』集英社(2021年)

역자 후기

2022년 2월 24일 러시아의 우크라이나 침공은 그동안 국내외 학술·정책 공동체 내에서 논의되어 왔던 국제사회 내 '강대국 경쟁' 및 '힘의 정치'의 부활을 사실적으로 보여주는 사례라고 할 수 있다. 냉전 종식 이후 국제사회는 미국의 핵우산 아래 오랫동안 평화를 누려 왔지만 우크라이나전쟁으로 상황은 급변했다. 특히 전쟁이 장기화되면서 우크라이나 지원과 대러시아 제재를 고리로 서방 진영의 전례 없는 단결이 초래되었고, 그로 인해 서방 국가들과 러시아, 중국 등의 관계는 탈냉전시대 이후 가장 큰 긴장상태로 치닫고 있다.

우크라이나전쟁의 영향이 가장 명시적으로 드러나고 있는 것은 주요 국가 간 군비경쟁의 가속화 및 무력충돌의 가능성 증대이다. 물론 전쟁 발발 전에도 미중 간 전략경쟁을 비롯한 국제사회의 불안정이 증대하면서 주요 국가들의 군비는 경쟁적으로 증가하고 있었다. 스톡홀름국제평화연구소(SIPRI)에 따르면, 2020년 팬데믹으로 세계경제가 수축되는 와중에도 전 세계 국내총생산(GDP) 대비 군사비 지출 비중은 증가했다. 특히 아시아 국가들의 군비 증가세가 두드러져 2010~2020년 아시아 국가들의 국방비 지출은 52.7%나 늘었다. 그러나 우크라이나 사태 이후 핵공격 위협·협박의 현실화라는 위험한 징후가 표출되면서 주요 국가들의 국방비 지출과 더불어 무력충돌 가능성도 증대되고 있다.

러시아 푸틴 대통령은 우크라이나 침공 직후 "누구든 러시아를 방해하려고 시도하는 측들은 역사상 초유의 엄청난 대가를 치르게 될 것이다"라는 위협을 가하는 동시에, 러시아 핵전력에 대해 높은 수준의 준비태세를 갖추도록 지시했다. 또한 2023년 2월 21일 국정연설에서 미러 간 신전략무기감축협정(New START) 참여 중단을 선언하고 전략폭격기, 대륙간탄도미사일(ICBM), 잠수함발사탄도미사일(SLBM) 등 3대 핵전력(Nuclear Triad) 증강도 밝혔다. 뿐만 아니라 2023년 국방예산은 기존 계획보다 약 30% 많은 4.9조 루블로 책정하고 우크라이나전쟁 수행을 위한 병력과 무기를 현 전력의 50% 이상 증강했으며, 유사시 나토의 전쟁 개입에도 대비하도록 했다.

이처럼 핵무기 존재를 과시하는 행동을 이어가고 있는

러시아와 함께 중국 또한 극초음속미사일에 집중하고 있다. 2023년에 들어서 중국은 이글 스트라이크-21(YJ-21)이라고 불리는 첨단 대함극초음속미사일을 공개했다. 그리고 이 미사일의 최고속도가 마하10에 이르며 세계 어떠한 미사일방어체계로도 요격할 수 없을뿐더러, 적의 함선에 치명타를 가할 수 있다고 주장했다. 미국은 중국의 2023년도 실제 국방비 지출액이 7천억 달러(928조 원)에 이르는 것으로 분석했으며, 이는 전년 대비 7.1% 증가한 것으로 경제성장률보다 높다. 미국은 중국의 이러한 행보를 명백히 미국의 미사일방어체계를 무력화하고자 하는 의도로 평가하고 있다.

여기에 전술핵 능력을 추가하는 북한까지 가세하면서 핵사용 위험성은 더욱 급증하고 있다. 2022년 1월 북한은 극초음속 무기개발 '대성공'을 선언했으며, 북한이 2022년 한 해 감행한 미사일 발사실험만 하더라도 90차례에 이른다. 북한의 이러한 도발에는 우크라이나사태와 맞물린 북-중-러 3각 연대에 대한 믿음이 자리하고 있는 것으로 보인다.

이처럼 러시아, 중국, 북한이 극초음속미사일 개발에 열을 올리고 있는 가운데, 미국 또한 극초음속미사일 시험비행에 성공했다. 2023년 내 실전배치도 계획하고 있어 극초음속 무기를 둘러싼 경쟁이 치열해질 것으로 보인다. 더욱이 지상발사 극초음속 무기는 배치지역에 따라 역내 군사 긴장을 고조시킬 가능성도 크다. 미국 바이든 대통령은 우크라이나를 침공한 러시아에 대해 '제노사이드, 집단학살'을 언급하며 강하게 비난하는 한편, 나토 동맹국으로 서유럽 국가들과 함께 동유럽에 군대를 증파하고 금융제재, 수출규제, 에너지 관련 금수조치 등 강력한 제재를 통해 러시아를 압박하고 있다. 2023년 9월 시점 미국의 우크라이나 지원규모는 1,100억 달러(군사원조 496억 달러, 경제적 지원 285억 달러, 인도적 지원 132억 달러, 미국의 방위산업 역량 강화 184억 달러) 이상이다. 또한 현재 바이든 행정부는 미 의회에 군사지원 140억 달러를 포함한 추가지원 240억 달러 승인을 요청한 상태이다. 2023년 미국 국방예산은 8,770억 달러(1,150조 원)로 2022년 7,780억 달러 대비 10%(GDP 대비 3.5%) 이상 증가했으며, 이는 처음 바이든 행정부가 요구한 예산안보다도 450억 달러 더 많은 금액이다. 이에 대해 로이드 오스틴 국방장관은 "중국의 도전과 러시아의 심각한 위협을 다루기 위한" F-35 전투기, B-21 폭격기 구입 등 전력 강화와 핵무기 현대화를 위해 증액이 필요했다고 밝혔다.

우크라이나전쟁이 벌어진 유럽에서의 군비경쟁 역시 치열하다. 독일은 국방예산을 일회적으로 1,000억 유로(약 135조 원)로 책정했으며, 이는 2022년도 국방예산의 2배 이상이다. 독일은 현재 GDP 1.5% 수준인 연간 군사비 지출 비중을 2024년까지 2%로 올린다는 방침이다. 독일뿐만 아니라 이탈리아, 스웨덴 등 다른 서유럽 국가들도 GDP 대비 2% 선으로 국방비를 증액하려 한다. 'GDP 2%'는 그동안 미국이 나토 동맹국들에 요구한 군사비 증액 수준이다.

한편 지리적으로 유럽에서 일어난 우크라이나전쟁에 대한 아시아 국가들의 인식 또한 직접적인 안보위협으로 나타나고 있다. 중국의 군비증강에 상당한 압박을 받고 있는 대만은 유명무실화된 징병제를 다시 부활시키려 하고 있으며, 2023년 6월에는 대만 육군의 대대급 부대를 미국 미시간주 훈련시설에 파견하여 처음으로 미군과 합동훈련을 실시했다. 또한 미국은 8월 30일 사상 최초로 주권국에 대한 무기지원 프로그램 '해외군사금융지원(FMF)'을 통해 대만에 8,000만 달러(약 1,060억 원) 상당의 무기를 판매하기로 결정했다. 이러한 배경에는 2022년 8

월 낸시 펠로시 미국 하원의장의 대만 방문 직후 중국이 약 72시간에 걸쳐 대만 포위훈련을 감행한데 이어, 12월에는 핵탑재가 가능한 H-6폭격기 18대를 동원하여 대만 ADIZ에 진입하는 등 고강도의 무력시위를 벌인 것 등이 작용한다.

특히 우크라이나전쟁으로 인해 형성된 안보위협 인식이 일본의 대외전략의 변화를 추동하고 있다. 기시다 정부는 러시아의 우크라이나 침공과 중러 간 긴밀한 군사협력이 역내 안보 우려를 증가시키고 있다는 인식에 기초하여, 2022년 12월 16일 일본의 방위태세 및 방위능력을 근본적으로 강화한다는 내용을 담은 안보전략 관련 3문서(국가안보전략, 국가방위전략, 방위력정비계획)를 공표했다. 기시다 총리는 공표 당일 기자회견에서, 이 3문서 개정을 통해 일본 '안보정책의 대전환'이 이루어진다고 평가했다. 이 안보전략 관련 3문서들은 국내 안보체제 강화, 미일동맹 강화, 국제사회와의 안보협력 강화 등 3가지 층위에 걸친 안보정책 방향을 제시하고 있다. 이 가운데 기시다 정부가 보다 역점을 두고 있는 것은 국내 안보체제 강화이다.

기시다 정부의 '국가안보전략'은 북한에 더해 러시아를

일본의 '핵심적인 도전국가'로 규정하는 동시에, 중국을 '전례 없는 최대의 전략적 도전' 국가로 지목했다. 그리고 일방적인 힘에 의한 현상변경을 허용하지 않는 안보환경 구축, 일방적인 힘에 의한 현상변경 시도에 대한 억지 및 대응능력 구축, 억지가 실패하여 침략이 발생할 경우 일본 주도의 대응과 동맹 지원을 통한 전쟁 종결 등, 3가지 방위목표를 내세웠다. 그리고 이러한 목표를 실현하기 위해 일본의 독자적이고 견고한 방위체제 강화, 미국과의 군사협력 강화, 자유롭고 열린 인도태평양을 지향하는 국가들과의 양자·다자협력 추진 등을 제시했다.

무엇보다 일본이 북한, 중국 등 주변국의 미사일기지를 직접 타격하는 '반격능력' 보유를 공식화했다는 점이 주목된다. 즉 일본에 대한 "탄도미사일에 의한 무력공격이 발생하는 경우, 공격을 방어하기에 불가피한 필요 최소한도의 자위조치로서 상대에게 유효한 반격을 가하는 것이 가능한" 자위대의 능력을 보유할 필요가 있다는 주장이다. 그리고 "일본 주변 극초음속 활공무기나 변칙궤도로 비상하는 미사일 등 기술이 급속히 진화"하고 있는 상황에서, 요격능력을 향상시키는 것만으로 국민의 생명을 지켜낼 수 없다는 문제의식하에 모든 선택지를 검토하고 있다"는 것이 그 이유다. 그러나 '반격능력'의 보유는 평화헌법 및 전수방위의 원칙에 위배될 가능성을 포함하며, 중장거리미사일 도입으로 역내 안보딜레마를 초래할 우려도 있다. 또한 현재 일본이 운용하는 2단계 미사일방어체계(이지스함 장착의 SM-3 해상요격미사일과 지상의 패트리엇 [PAC]-3)에 적의 공격원점을 공격하는 새로운 미사일방어체계를 어떻게 활용할지에 대해서도 명확하지 않다.

또한 기시다 정부는 '방위력정비계획'을 통해 육상자위대 내 스탠드오프 미사일부대 강화, 통합항공미사일 방어능력 강화, 육상자위대 및 해상자위대 관련 부대 강화 등에 대한 구체적인 방안을 밝혔으며, 향후 5년(2023-2027년)간 방위예산으로 총 43조 엔(약 408조 원)을 책정했다. 이는 현재 수준의 1.5배 증액이며, 5년 이내 GDP 대비 2% 수준으로 증액한다고도 명시했다. 이외에도 일본은 대만 유사사태에 대비하여 오키나와현에 있는 육상자위대 작전부대를 여단에서 사단으로 격상하고, 육해공 자위대를 종합적으로 지휘할 통합사령부를 창설했으며, 항공자위대의 우주 영역 활동 확대에 따른 항공우주자위대로의 명칭 변경도 추진하는 등 자위대 재편작업도 진행하고 있다. 이처럼 기시다 정부는 일본의 안보환경을 고려할 때 GDP의 2% 수준에 달하는 예산 확보와 독자적인 국방력 강화 및 보완 노력이 필요하며, 또한 자위대의 억지력과 대응력을 향상시켜 적의 무력공격 자체의 가능성을 줄인다는 것을 방위정책 기조로 내세우고 있다. 그리고 이를 '주장하는 외교', '가치지향 외교', '신시대 리얼리즘 외교', '적극적 평화주의'등의 용어로 표현한다.

　한국도 군비경쟁에 일조하고 있다. 한국정부는 2023년도 국방예산을 GDP 대비 3.5%로 증액하는 등 매년 국방비를 크게 늘리면서 핵추진 잠수함과 경(輕)항공모함 건조까지 추진 중이다. 3월 30일 고체연료를 이용한 로켓 시험발사에도 성공했으며, 이는 한국군이 대륙간탄도미사일(ICBM)급 장거리미사일의 개발 잠재력을 확보했다는 의미로 해석된다. 또한 미국 싱크탱크 전략국제문제연구소(CSIS)의 존 햄리 소장은 2023년 1월 19일 미국의 핵우산 공약 등과 관련한 화상 간담회에서, 한국 국민의 70%가 "핵무기를 보유해야 한다"고 응답한 여론조사 결과를 발표했다. 실제로 윤석열 대통령은 현직 대통령으로서는 처음으로 북한의 위협이 커지면 자체 핵무기를 개발하거나 미국에 한반도 재배치를 요청할 수 있다고 언급한 바 있다. 10월에는 핵무기 탑재가 가능한 미 공군

전략폭격기 B-52H가 한국의 공군기지에 처음으로 그 위용을 드러내었고, 한반도 인근 상공에서 한일 전투기와 사상 최초로 한미일 공중연합훈련을 실시하기도 했다.

이러한 상황은 마치 제2차 세계대전이 일어나기 전인 1930년대 강대국들의 군비경쟁을 연상케 한다. 스톡홀름국제평화연구소에 따르면, 2023년 1월 기준 전 세계 운용 가능한 핵탄두 수는 전년 대비(9,576개) 86개 증가한 것으로 나타났다. 증가분 86개 가운데 60개가 중국이 보유하고 있으며 러시아(12개), 파키스탄(5개), 북한(5개), 인도(4개) 등이 뒤를 잇고 있다. 이외에도 영국이 2021년 핵탄두 보유 한도를 현재의 225개에서 250개까지 늘리겠다고 밝혔으며, 프랑스 역시 3세대 원자력 추진 탄도미사일잠수함(SSBN)과 순항미사일을 개발하고 있다.

이처럼 세계는 제3차 세계대전의 가능성까지 보였던 1962년 쿠바 미사일 사태 이상의 위기라는 우려 속에서, 2차 세계대전 이후 처음으로 핵무기가 사용될 수 있는 위험이 극적으로 증가하고 있다. 대부분의 핵보유국들은 핵무기의 중요성에 대한 언급을 강화하고 있으며, 일부는 핵무기 사용가능성에 대해 명시적인 또는 암묵적인 위협을 가하고 있다. 비핵보유국들조차 핵무기 보유 필요성을 언급하기 시작했다. 인류 역사상 가장 위험한 시기 중 하나로 향하고 있는 지금, 핵무기에 대한 국제 통제와 인식 변화를 요구하는 각성의 목소리가 그 어느 때보다 필요하다.

이러한 시기에 본서 『슈퍼파워 미국의 핵전력: '핵무기 있는 세상'의 실체에 접근하는 취재 기록』(원제 ルポ アメリカの核戦力:「核なき世界」はなぜ実現しないのか)의 번역을 의뢰받고 무거운 책임감을 느꼈다. 기계적인 번역이 아닌 저자의 의도와 문장을 손상시키지 않으면서도 최대한 가독성을 높이고, 또 위에서 언급한 역자 본인의 문제의식과의 연결성도 고려하고 싶었기 때문이다. 이 책은 쉽게 서술되어 있어 누가 읽더라도 흥미롭고, 미국의 핵전략과 관련된 현장을 이해하고 실감하는 데 큰 도움을 준다.

본서의 저자인 와타나베 다카시(渡辺丘)는 1979년 일본 지바현에서 태어나 히토츠바시대학을 졸업한 후 2003년 아사히신문에 입사했다. 아사히신문 나가노총국, 아츠기지국(미군 및 자위대기지 담당), 도쿄본사 사회부, 국제보도부(방위성 및 외무성 담당), 미국 하버드대학 미일관계프로그램 연구원(2012~2013), 예루살렘지국장(2015~2019)을 거쳐

2019년 4월부터 워싱턴 D.C. 아사히신문 미국총국에서 미국의 외교 및 안보 부분을 담당했다.

본서는 저자가 미국총국에서 근무할 당시, 미국 핵전력의 3대축인 대륙간탄도미사일·전략폭격기·전략핵잠수함의 거점인 말름스트롬 공군기지, 박스데일 공군기지, 반덴버그 공군기지, 킷샙 해군기지 등을 방문하고 현지 부대를 직접 취재하여 쓴 르포르타주다. 또한 오바마, 트럼프, 바이든 각 행정부에서 핵정책을 담당하고 관여했던 국방부장관, 에너지부장관, 국무부차관, 국무부차관보, 미 공군 글로벌공격군단 사령관, 제20공군 사령관, 잠수함대 사령관, 상원의원 등 정부 및 군 고위관리 등 50여 명 이상을 취재했다. 뿐만 아니라 미국 내 피폭자와 피폭지 관계자들과의 인터뷰도 진행하여 생생하게 전하고 있다. 이처럼 저자가 직접 보고 들은 방대한 내용을 바탕으로 사실에 입각하여 집필한 본서는 가히 일본 저널리즘의 저력을 보여주는 책이라고 할 수 있다.

저자가 밝히고 있듯이 본서는 저자가 '핵무기 없는 세상'이라는 이념 실현을 위해, '핵무기가 있는 세상'의 실상을 취재하여 그 실체에 접근하고 논의의 근거를 제공하기 위한 목적으로 쓴 글이다. 때문에 본서는 시종 '반핵'적 관점을 유지하며 미국의 핵, 핵전력, 핵정책에 대해 비판적인 입장을 취하고 있다. 또한 미국의 핵전력 및 핵정책에 대한 내용뿐만 아니라, 미국의 핵전력 이면에 숨겨져 있는 방사능 유출과 오염, 피폭자 등의 부작용, 미국 내에서만 시행되고 있는 반핵운동과 그 움직임에 대해서도 자세하게 소개하고 있다.

이러한 본서의 스탠스는 저자가 역사상 유일한 원폭 '피폭국'인 일본의 저널리스트이기 때문일 것이라고 생각된다. 그로 인해 저자의 '핵무기 없는 세상'이라는 이념 속에는 '일본=피해자', '미국=가해자'적 관점이 엿보이는 것이 사실이며, 이러한 점이 본서에 잘 노출되어 있어 한국 독자들에게 불편하게 다가갈 수도 있다.

그럼에도 불구하고 본서는 미국 핵전력과 핵정책의 중추를 파고든 심층취재를 바탕으로 쓰인 글이라는 점에서, 매우 수준 높은 내용과 완성도로 과연 저널리즘이란 무엇인가라는 것을 우리에게 보여준다. 특히 본서에서 드러나는 보편성을 수반하는 '피해'의 실체는 매우 큰 공감력을 지니고 있기 때문에, '가해'와 '피해'의 대립적 구도가 재편될 가능성도 함께 보여주고 있다. 본서는 미국의 핵전력 및 핵정책의 본질을 이해할 수 있는 의미 있는 책이면서도, '핵무기에 의한 평화'가 현실적으로 존재하지만 궁극적으로 '핵 없는 세상'을 어떻게 추구해 나가야 하는가라는 질문에 대해 재고하게 만드는 책이기도 하다. 그런 점에서 독자들에게 반드시 일독을 권하고 싶다.

뿐만 아니라 본서는 북한이 핵전력을 강화하고 있는 한반도의 상황과 2022년 러시아의 우크라이나 침공, 중국과 대만 간 긴장고조 등으로 신냉전의 기운이 높아지고 있는 가운데 나토, 파이브아이즈, 한미동맹, 미일동맹 같은 군사적 동맹 외에도 G20, 핵심광물안보파트너십(MSP), 인도태평양 경제프레임워크(IPEF), 칩(Chip)4 동맹 같은 경제공급망 동맹을 기반으로 한 패권국 간의 '그레이트 게임'의 일원이 되어버린 한국에도 시사하는 바가 매우 크다고 생각된다.

마지막으로 이 책을 번역할 기회를 주신 국방대학교 박영준 교수님과 늦어진 원고 제출에도 편집·출판에 애써주신 AK커뮤니케이션즈 출판사 이민규, 유연식 님께 감사드린다.

2023년 10월
역자 김남은

IWANAMI 084

슈퍼파워 미국의 핵전력

-'핵무기 있는 세상'의 실체에 접근하는 취재 기록-

초판 1쇄 인쇄 2023년 12월 10일
초판 1쇄 발행 2023년 12월 15일

지은이 : 와타나베 다카시
옮긴이 : 김남은

펴낸이 : 이동섭
편집 : 이민규
책임 편집 : 유연식
디자인 : 조세연
표지 디자인 : 공중정원
영업·마케팅 : 송정환, 조정훈
e-BOOK : 홍인표, 최정수, 서찬웅, 김은혜, 정희철
관리 : 이윤미

㈜에이케이커뮤니케이션즈
등록 1996년 7월 9일(제302-1996-00026호)
주소 : 04002 서울 마포구 동교로 17안길 28, 2층
TEL : 02-702-7963~5   FAX : 02-702-7988
http://www.amusementkorea.co.kr

ISBN 979-11-274-6839-2 04390
ISBN 979-11-7024-600-8 04080 (세트)

RUPO AMERIKA NO KAKUSENRYOKU: "KAKUNAKI SEKAI" WA NAZE JITSUGEN
SHINAINOKA
by Takashi Watanabe
Copyright © 2022 by The Asahi Shimbun Company
Originally published in 2022 by Iwanami Shoten, Publishers, Tokyo.
This Korean print edition published 2023
by AK Communications, Inc., Seoul
by arrangement with Iwanami Shoten, Publishers, Tokyo

지성과 양심 이와나미岩波 시리즈